自分が変わる靴磨きの習慣

靴磨き職人 Brift H 代表
長谷川裕也

ポプラ社

靴を磨いてほしい人たち

突然ですが、読者の皆さんは、最近いつ靴を磨きましたか？

「靴磨きが好きで、毎日のようにしっかりピカピカになるまで磨いている」

もしそんな方がいたら、素晴らしいと思います。

そんな人は、もしかするとこの本を読む必要はないかもしれません……。なぜなら、「靴磨き」が与えてくれるいくつもの「幸せ」をすでに感じているはずだからです。さっそく本を閉じて、明日履く予定の靴を、しっかり磨いてあげましょう。私が、本書でメッセージを届けたいと願っているのは、むしろ次のような方たちです。

「汚れが気になってきたら、たまに仕方なく磨いている」

「ときどき靴を磨いてはいるが、実は面倒でたまらない」

「靴なんて、忙しくて磨いたことがない」

「靴は履きつぶして、定期的に買い替えている」

「やったことはないが、一度、靴磨きにチャレンジしてみたい！」

「同僚が靴磨きをやっていると知って、自分も始めてみたい」

「尊敬する上司の靴が、いつもきれいであこがれる！」


もし、あなたがこんな気持ちでいるなら、ぜひこのまま読み進めていただきたいです。

そうすると、きっとあなたの人生にいろんなプラスの変化が起こるはずです。

靴ほど寡黙な「相棒」はいない

私は今、南青山で「Brift H」（ブリフトアッシュ）という靴磨きの店を経営しています。

だからといって「お店に来てください！」と、お誘いしたいわけではありません。

むしろ「あなたの手で靴を磨いてみてください」と、おすすめしたいのです。

なぜなら、自分の靴と毎日のように向き合うことで、心とカラダが整い、人間関係も生活も仕事もうまくいくようになり、人生が好転しはじめるからです。

なぜ、靴を磨くことが「人生を好転させること」につながるのか——。


まず「靴」ほど、自分が思っているより他人に見られているアイテムはありません。

「おしゃれは足元から」なんてよくいわれますが、まさにそのとおりです。

「足元」つまり「靴」とは、他人や世間の目を集めるポイントといえます。

けれど「高価な有名ブランドの靴や、デザイン性の高い靴を履けばいい」というわけではありません。

いくら有名ブランドの高級靴を履いていたとしても、もしその靴が薄汚れていたり、踵が磨り減っていたらどうでしょう。

「せっかくいい靴なのに、手入れをしていないのだな……」

そんな残念な印象を、周りに与えてしまうはずです。

反対に、特別に高級な靴ではなかったとしても……。

まるで鏡のように、靴の表面がピカピカと光っていたらどうでしょう。

しっかり手入れがなされていて、落ち着きのある光沢があったらどうでしょう。

靴底が磨り減っておらず、丁寧に履きこなしていたらどうでしょう。

少なくとも「だらしない人」と思われることはないはずです。

「きれいな靴を履いている人だから、仕事ぶりも丁寧に違いない」

きっとこんなふうに、信頼されやすくなると思います。もちろん、清潔感や誠実な印象もアップすることでしょう。


私が本書でもっとも伝えたいのは、そんな人生のエッセンスです。

「必ず高い靴を履きなさい」という話ではありません。

(もちろん、高価な靴は魅力的ですが、最初から背伸びする必要はないです)

「靴に、ほんのわずかでいいから手間をかけてみよう」

「足元に気を遣って、靴を大切に扱おう」

そんな提案をしていきたいのです。

考えてみれば、「靴」ほど黙って、人に仕えてくれている存在は珍しいと思います。

1日に何時間も履きっぱなしで、たいした手入れもせず、雨に濡れてもそのまんま。汚れが表面に溜まってこびりついたままでも、ご主人様を目的地に運び足を守り続けてくれます。

つまり、靴ほど勤勉かつ真面目で寡黙な「相棒」はいません。

かけがえのない相棒なのだから、たまにはゆっくり向き合ったり、メンテナンスをしてもいいはずです。

自分が変わる、靴磨きの習慣

靴と向き合い、ほんの少しの時間を割く——。

すると、たちまち多くのメリットが表れ出します。


上司や同僚となぜだかソリが合わない。

取引先とのコミュニケーションがうまくいかない。

こんなふうに、「ビジネス面での人間関係がうまくいかない」という人は、ちょっと時間を捻出して、靴を磨いてほしいです。

足元が変わり、見た目が変わり、印象が変わり……主体的、行動的になり、信頼が増し、それまでギクシャクしていた対人関係が、きっとスムースになります。

整理整頓ができない。
なくしものばかりしている。
節約下手で浪費グセに悩まされている。
時間を守れず遅刻が多い。

このように「自己管理がうまくいかない」とお悩みの人も、靴磨きを習慣化してほしいです。

準備がうまくなり、持ち物が整い、身の回りの空間が片づき、気持ちもスッキリして、生産効率が上がるはずです。それにともない、時間だってちゃんと管理できるでしょう。


さらにいうと……。

恋人ができない。

家族や友人とうまくいかない。

あらゆる局面で「人」に恵まれない。


そう頭を抱えている人こそ、ぜひとも靴を磨いてほしいと思います。

靴を磨くことで心が落ち着き、自信が出て、言葉の選び方が、人との接し方がガラリと変わります。また、訪れる場所やお店なども変わります。

すると、よいご縁に恵まれたり、既存の人間関係の絆が深まったりするはずです。


靴を磨くと、なぜこのようないいことが起こるのでしょうか。

靴を磨くだけで、人生が好転しはじめる理由――。

それは、「靴磨き」とは究極のセルフマネジメント、つまり「自己管理」だからです。

平たくいうと、「靴磨き」とは、カラダ（見た目）と心を整える最良の方法なのです。


まず、靴がきれいな人に悪い印象を抱く人はいないでしょう。

そして、足元を整えることで、見た目がどんどんよくなり好印象な人に変わっていきます。靴をきれいにして、見た目で損することはないのです。


さらに、靴磨きをしている最中、また磨きあがったきれいな靴を見て、気持ちが穏やかになり心が整うと、それまで混乱していた頭はスッキリします。

その結果、作業効率がぐんと上がったり、後ろ向きな考え方が建設的になったりします。

今やるべきことに集中できます。

「何かをしたい」という積極的な気持ちも湧いてきます。

そして自分の心が整えば、周りにも優しい気持ちを向けることができます。

そうなると、対人関係だってうまくいくのです。


つまり、私がお話ししたい「靴磨き」の効用とは……。

靴磨きを通してカラダと心を磨きあげること。
そういい換えてもいいのです。
靴磨きとは、硬くいうと自己管理の象徴なのかもしれません。

「では靴磨きではなく、ほかのものを磨いてもいいのか？」
そんな質問も飛んできそうです。
でも私は、「靴」が「特殊なもの」だと思っています。
たとえば「靴」を「眼鏡」に置き換えてみましょう。
「眼鏡磨き」は自己管理の象徴になるでしょうか？
「眼鏡」がもつ意味と「靴」がもつ意味は違います。
眼鏡の場合、汚れると途端に不快になります。
だから「磨かなきゃ」と気づくことができるのです。

その点、靴は違います。
自分の目が入りにくいところにあるので、靴の汚れにはなかなか気づきにくいです。

それに「靴の汚れ」は「眼鏡のレンズの汚れ」より不快じゃない（と感じる人が多い）です。ですから、靴の汚れやくたびれ加減に、見て見ぬふりだってできます。

でも冷静に考えてみてください。

靴は、人が身に着けるものの中でもっとも汚れやすいアイテムのはずです。

洋服は、毎日洗濯したものを着るのが常識。

でも靴はそうじゃないなんて、ちょっと理不尽だと思いませんか。

それにしても、靴ほど罪作りなアイテムはありません。

だって、自分の目からは見えにくいのに、相手からは思ったより見られている。

なんとも皮肉なものだと思います。

一つ、わかりやすいたとえ話をします。

誰もが知っている有名な音楽家の方は、ヘアスタイルだけ見れば、大きく乱れていてお世辞にも清潔感のある髪型とはいえません。

もしこれで、履いている革靴が汚れていたらどうでしょう。知らない人から見れば、一流の音楽家には見えないですし、もしかしたら周囲に不快感を与えるかもしれません。

しかし、不思議なことに「靴がきれい」というだけで、そのヘアスタイルも芸術家らしい個性的な髪型に感じられ、オーラをまとった一流に見えてきます。

ここで、実名を上げることは控えておきます（笑）。ただ、「乱れ髪でも、靴がピカピカなら一流に見える」という面白い法則については、ぜひ頭にとどめておいてください。

「靴磨きを楽しむ」という新しい文化

遅くなりましたが、簡単に自己紹介をさせていただきます。

私は高校卒業後、製鉄所勤務や英会話学校の営業を経て、なんのキャリアもないまま「靴磨き」の世界に飛び込みました。

20歳で、東京丸の内の路上で靴磨きを始めたのです。試行錯誤を経て、最後は品川の路上で靴を磨くようになり、その頃には、努力の甲斐あって、行列のできる靴磨き屋にすることができました。

ネット上で靴磨き専門サイトを開くなどして、２００８年には南青山に、カウンタースタイルの靴磨き専門店「Brift H」を開業しました。

それまで、靴磨きは仕事の移動途中に「ついで」にするものという考え方が一般的でした。そんな常識を変える、「わざわざ靴磨きに行きたくなる店」にしようと思いました。その一つの答えが、「サロンのような店舗で、ドレスアップした職人がカウンターで靴磨きをする」というスタイルでした。

オープン以来、お客様は順調に増え、空間と時間を楽しんでもらえる靴磨き店にしようと、スタッフたちと日々奮闘しています。

「前例がないことにも果敢に挑む」というチャレンジ精神・パンク精神のおかげで「わざわざ靴磨きに行きたくなる店」という夢を、なんとか叶えることができました。

そして今の夢は、ちょっと大きいですが……。

「世界の足元に革命を」というものです。

奇しくも私は2017年5月、イギリスで開催された「靴磨き世界選手権」で世界一の称号を得ることができました。

「靴磨きのよさを、世界中の人にお伝えして、一人でも多くの方に元気になってほしい」

毎日、真剣にそう願っています。

この夢を最初に意識し出したのは、東京品川駅の路上で過ごした修業時代のこと。

正直、道を行く多くの人が、どんよりと重苦しい雰囲気で歩いていました。

しかし私が靴を磨かせてもらった人たちは、その直後、皆、背筋をシャキッと伸ばして、自信に満ちた様子でスタスタと歩いて行きます。

「靴さえ磨けば、皆もっと元気になるはず！」

そう思わずにはいられませんでした。


足元から人を元気にできる。

人が元気になれば世界は変わる。

足元から「革命」を起こせるのではないかと心から思いました。


でも、私が地球上の人すべての靴を磨くなんてことはできません。

「靴磨きの技術を、一人でも多くの人にお伝えできないだろうか」

そんな思いに駆られたのでした。

靴磨きを通じて幸せになる人が増えれば、世界はより豊かに素敵になるはず。

これからは「靴磨き」という黄金のスキルを、一人でも多くの方に広めたいと強く願っています。

本書は「現状の『何か』を変えたい」という人に、ぜひ読んでほしいと思います。きっと行動を起こしたくなるはずです。

また、これからの世界を担う若い世代の人たちにも読んでほしいです。その中でも、フレッシュな社会人の皆さん。

不慣れな仕事に、あえいでいる人も多いでしょう。

でも、靴を磨くことで視点が変わり新たな発見があるはずです。

それに、社会に踏み出す足は、きれいに磨かれていることに越したことはありません。

靴とは「いい場所に連れていってくれるもの」なのです。

皆さん、ぜひとも、今日から靴磨きを始めてみてください。

最初は、方法にこだわることはありません。

軽くホコリを取ったり、固く絞った布で水拭きしてみるのでもいいです。

とにかく、手を動かし始めてみることが大事です。

「手を動かし靴を磨くことで、カラダと心が整い自己管理能力がアップする！」

そんな成功の法則を、本書ではお伝えしていきます。

２０１７年10月

靴磨き職人　Brift H代表　長谷川裕也

本書の構成

第1章では、まずは「靴」「足元」の大切さについてお話しします。なぜ今ビジネスパーソンに、きれいな靴、清潔感のある足元が必要なのか。そして、「靴磨き」を始めること、続けることの意味、メリットを靴磨き職人として、答えを示します。

第2章では、「靴磨き＝自己管理の象徴」というお話をします。ビジネスのキーアイテムである靴を磨くことが一つのきっかけになり、それに呼応するかのように人生や生活が整っていくという話です。「皆さん、靴磨きを習慣化してみませんか？」「一度、磨いてみましょう！」という提案です。

第3章では、靴を磨いたことで、結果として私たちに起こるプラスの変化についてまとめています。「自己管理能力」がアップすることで、具体的にどのようなポジティブなことが起きるのか実例を交えわかりやすく解説します。仕事や人生がうまく回り出すのは、本章の17のことが起こるからです。

第4章では、一つは靴磨きを習慣化させるためのコツを話します。もう一つは、靴を大切に履いて長く付き合っていく方法を紹介します。常にきれいな靴を履くために大切にしてほしいことをまとめています。

第5章では、靴と深く付き合うことで、人生がより豊かになるというお話をします。靴に注いだ愛情は決して裏切ることがないという事実を、いろんな側面から見ていきたいと思います。

巻末付録の「はじめての靴磨き」では、基本の10工程を紹介しています。ここから読んでいただき、まずは靴磨きとはどういうものか知ってもらうのもいいかと思います。もちろん、この磨き方どおりにやらなくてはいけないということはありません。何より伝えたいのは、自分ができる範囲で、靴磨きを習慣化してほしいということです。

CONTENTS

自分が変わる 靴磨きの習慣

第2章
磨けば、変わる。だから、始める。
自己管理能力が最速で身につく

第5章 靴と深く付き合うことで、人生が豊かになる

CONTENTS

「ジューン・マルティーノは、私がある従業員を解雇したのは、
彼がきちんとした帽子をかぶらず、靴の手入れが
行き届いていなかったからだと信じていた。（中略）
それを理由に解雇したわけではない。彼はミスを頻繁に犯していた。

帽子や靴の件は彼のずぼらな思考の表れであり、
彼がマクドナルドにふさわしくない人材だと
わかっていたのである。
——レイ・クロック（マクドナルド創業者）

安い靴は不経済だからね
——トニー・ブレア（元イギリス首相）

その人が履いている靴は、
その人の人格そのものを表すものである
——イタリアのことわざ

とびきりいい靴を履きなさい。
いい靴を履いていると
その靴がいいところへ連れて行ってくれる
——ヨーロッパのことわざ

靴を磨きなさい
そして自分を磨きなさい
——オルガ・ベルルッティ（ベルルッティ4代目当主）

第1章

なぜ、私たちは靴を磨く必要があるのか

人生は「足元」で決まる！

「マインドセットに長けた人」から、人生を制してゆく

なぜ、靴を磨く必要があるのでしょうか。

単純に気持ちがいいから。
汚れていると恥ずかしいから。

もちろん、その通りです。
しかし、ほかにも答えは、たくさん思いあたります。

心が落ち着くから。
信頼されるから。
主体的になれるから。

ポジティブになるから。

身だしなみが整うから。

整理整頓できるから。

姿勢がよくなるから。

節約できるから。

自分の時間が増えるから。

運を引き寄せるから。


靴磨きがもたらしてくれるこれらのメリットは、一見バラバラなようで、実は根っこのところでつながっています。

なぜ靴を磨くだけで、こんなに多くの効用が得られるのか。

本書で靴磨き職人としての自分なりの答えをお話ししていきます。


もちろん私自身、人生という長いキャリアで見るとまだまだです。靴磨き職人としてはようやく一人前になれたかもしれませんが、ビジネスパーソンの先輩であるお客様に教わることは多々あります。

偉そうに悟ったようなことをいうつもりはありません。

でも、「確かにそうだね」「俺も同意できる」と誰にでも共感してもらえそうな人生のルールを「靴磨き」を通して体得してきたと思うのです。


さっそく「靴磨き」の本質から、考えていきましょう。

そもそも何かを「磨く」ということは、とても大事なことです。

男性でいうと「洗車後に車をピカピカに磨きあげるのが大好き」という人は珍しくありません。

それは大変いいこと。**磨くということは、「ものを大事にする営み」の最上級の動作ではないでしょうか。**職業人であれば、なおさらです。

人は集中して手を動かすとき、雑事を忘れ、先のことを考えたり、過去を振り返ったり、自分自身を見つめ直すことができるからです。

つまり、流行の言葉でいうと**「マインドセット」**ができるわけです。

そもそも、どんなに忙しくても何かを「磨くこと」に時間を割ける、ということ自体、その人が時間のマネジメント（管理）に長けていることを意味します。

近年「マインドフルネス」（瞑想の一種）、「呼吸法」など、自分の心をコントロールしていく術が、求められるようになってきました。

私は、靴磨きもそれらと同列の優れたマインドセットの手段の一つと位置付けることができると思っています。

靴を磨くことで、心も磨く。

これはただの語呂のよい言葉合わせではなく、本質ではないかと思うのです。

さまざまな自己啓発書が、世の中にあります。私も勉強のためによく読みますが、結局のところ、どの本も説いていることは一つ。

「よりよい人生を送るために、心をポジティブな方向にもっていくこと」

こんな教えに集約されるように感じられてなりません。

靴磨きで自己研鑽！

これは私の人生観ですが、生きることとは基本的に「大変なこと」の連続ではないでしょうか。

私事ですが、第一子の出産に立ち会ったときに、とくに感じたことです。

赤ちゃんが生まれるとき。

オギャーと泣いて肺呼吸に切り替えて、外の世界で生きることがスタートします。

つまりは、人生は泣くことから始まります。

この世に生まれた瞬間から、「大変なこと」と向き合わなければならないのです。

そして、幼少期も、青年期も、そして大人になってからも、「なんにもせずに、常に毎日が楽しい！」ということはあり得ないはずです。それは、どんなに経済的に恵まれた人であってもです。

悩んで、迷って、ときには苦しくてつらいこともある人生を、いかに面白く楽しいものに自力で変えていくことができるか。

その能力には個人差があるのかもしれませんが、とにかくあきらめず、投げ出さず、ポジティブに突き進むことができれば、見える風景はまったく違うものになってくるはずです。

人生をどこまで楽しく、面白いものにできるのかというのが、人にとっての永遠の課題である気がします。

それを硬く表現すると**「自己研鑽」**という言葉になるのでしょう。

では具体的に、いったいどうすれば自己研鑽できるのか。

その問いについては、多くの書籍がいくつも答えを提案してくれています。

けれども、ビジネスパーソンであるならば。

「靴磨きこそ、もっとも手近で、お金もかからず続けやすい方法である」

私は自信をもってそう伝えたいと思います。

なぜなら、「靴」つまり「足元」こそ、皆さんの仕事に直結するビジネスパーソンのキーアイテムであるからです。

なぜ靴が、キーアイテムといえるのか。

この章で、わかりやすく説明していきましょう。

面倒だからこそ、「する価値がある」

ここまでは「靴磨きがマインドセットに適している」という提案を書きました。

「靴磨き」とは、せわしない日々をその都度リセットしてくれる、句読点のようなもの。

習慣化してしまえば、なかば無意識に靴と向き合えるようになります。

大切なことは、「特別なこと」ではなく日常的な「習慣」にしてしまうことです。


たとえば「歯磨き」という習慣を思い浮かべてみてください。歯磨きをしようとするときは、カラダが自然に洗面所へと向かい、手順などを意識することなく、一気に動作を行っているはずです。

忙しいときは、スマホでメールチェックをしながら磨いていることもあるでしょう。

読みかけの雑誌や本が面白くて目が離せない場合、活字に集中しながら、歯ブラシを動かしているはずです。それは、歯磨きという習慣を幼い頃から続けているため、カラダに定着しているという証拠です。

それならば、靴磨きも歯磨きと同じくらい、たやすく習慣化できるはずではないでしょうか。


最初は、「磨きあげる」というレベルに至らなくてもかまいません。

毎日、軽くブラッシングするという、たったひと手間だけでもよいのです。


また、歯磨きのあとは、単純に気持ちがよいものです。

もちろんその気持ちよさの正体とは「面倒なことをやり終えた」という解放感かもしれません。

けれども、それ以上に「スッキリして気持ちいい」という生理的な心地よさも大きいはずです。

靴を磨いたあとも、必ず「気持ちいい！」という感情は湧き起こります。

私は、それをとても大事なことととらえています。

誰かに迷惑をかけない限り、「気持ちいい！」という瞬間が多いほうが、人生全体が楽しく素敵なものになるはずです。

けれども、日々暮らしていて「気持ちいい！」という感情が起こることは少ないもの。ですから、自分のコントロールできる範囲で「気持ちいい！」という瞬間を増やしていけば、ポジティブになれたり、やる気が出たり、パフォーマンスを上げたり、周囲に優しくできたりするはずです。

そんな手段として「靴磨き」という習慣はもってこいです。

「でも、靴磨きは面倒くさい」

そんな声も聞こえてきそうですね。

以前、不動産会社主催で、とある大規模マンションに住む方々に、靴磨きのやり方をお教えする機会がありました。その際事前に、不動産会社の方が靴磨きに関するアンケートをとってくれました。

中でも印象的だったのは「靴を磨きますか？」という問いへの回答でした。

残念ながら、もっとも多かったのは「靴を磨かない」というお答え。

その理由のほとんどは「面倒くさい」というものでした。

調査の対象者は約２万人。全員がマンションを所有している方々でした。

「靴磨きは、こんなにも『面倒くさい』と思われているものなんだな」と驚いたのをよく覚えています。


確かに、いきなり「靴磨き」といわれたら、最初は心理的なハードルが高いかもしれません。

人の脳は慣れていないことに対して、実際よりも多くの労力や時間がかかると感じるようにできているものです。

たとえば車で道を走るとき。

初めての道をカーナビに導かれながら、地図を確認しながら走っていると、長い時間がかかるように感じます。けれども、数度通って道に慣れてしまえば「あっという間に着いた」と感じるものです。

靴磨きもそれと同じです。

最初は「手間だな」「面倒だな」「やりたくないな」と思うはずですが、慣れてしまえば、手が自然と動くようになり、定期的に磨くのが日常になるはずです。

そして、しばらくすると「面倒くさいこと」の大事さが身にしみてわかるようになります。

「靴を磨くなんて、手間でしかない」

「靴磨きなんて、しょせん退屈な家事じゃないか」

最初はそんなふうに思っていても、手を動かすうちに、どんどん気持ちよくなる。仕上がりを見ると、その美しさに、またやる気が出る。

つまり「靴磨き」という人生の「準備」が、とても素敵なことに思えてくるのです。

「面倒だから、やりたくないな」という思考に、流されそうになったとしても……。

靴磨きを通して「プラスの効果が得られる」という思考にうまく切り替えるクセを身

につけることができれば、自分自身を変えていくことができます。

だから靴磨きは、大きな成功への一歩を踏み出す、小さな習慣なのです。

「面倒だからこそ、やろう」という脳に切り替えることができれば素晴らしいです。

今までの実績や、経験などとは関係なく、新たな人生を切り開くことができます。

「靴磨きを習慣化できた自分をほめてあげる」と小さな成功体験をもつことで、自信が出てきて次の目標にも立ち向かいやすくなるからです。

「成功体験がある人は、夢をかなえやすくなる」

こんな言葉を聞いたことはありませんか。

よくいわれることですが、成功体験は大きなものでなくてもかまいません。

「今日も靴を磨くことができた」、そんな小さなことでもよいのです。

靴を磨いて、丁寧に自分らしく暮らす。

そんな習慣を1週間、1カ月と続けることができたとしたら……。

あなたは次の目標や夢をかなえる段階に、突入しているはずです。

「面倒だから……」という気持ちに気づいて、むしろ大事にしてください。

「面倒だから、する」

そう自然に思えるようになれば、あなたの人生はすでに好転を始めているはずです。

人は日々「足元」で評価されている

ここまで「マインドセット」「自己研鑽」というキーワードを挙げましたが、そもそも「靴磨き」「靴に気を遣う」「靴を大切にする」ということを意識しなければならない大きな理由として、強く伝えたいことがあります。

それは相手から見て、「『足元』は本当に目に入りやすい」という事実です。

相手の靴を見るために、わざわざ自分が姿勢を変えて、首をひょいと伸ばして「靴を見る」ことはないでしょう。ですから、向き合って話しているときなどは、「まったく見えない」といっていいと思います。

しかし、初対面でテーブルなどがない状態で向き合ったとき、名刺交換の際にお辞儀をして下を向いたとき、また別れ際にお礼のお辞儀をするとき、たとえば、どちらかがエレベーターに乗ったときなど、靴の印象は相手の目に飛び込んでいってしまうものなのです。

つまり、立ったとき、向かい合ったときが、要注意です。それは、靴がカラダの先端にあるからということも、関係しているでしょう。

頭（髪型）、手（爪）、足（靴）など、先端を美しく保つことは身だしなみの基本であり、もっとも気をつけなければならないポイントといわれています。

よく「爪が汚い男性には、生理的な嫌悪感を覚える」といったことも聞きますが、靴も同じかもしれません。

「人を見かけで判断するな」

小さい頃、自分の親や周りの大人にそう教えられた人は多いはずです。でも、あなた自身が人を見かけで判断しなくても、周りは少なからずあなたを見かけで判断しているはずです。

「判断」まではいかなくても、見かけがもたらす印象によって、コミュニケーションのとり方や距離感を変えているといっていいでしょう。

とくにビジネスの場では、「見かけで判断する」というのは、誰も表立って口には出しませんが、無意識に行っていることなのではないでしょうか。

わかりやすくいえば、「身なりがきちんとしている」という理由で、商談やプレゼンを任されたり、会食に呼ばれたりすることはあります。

お店のお客様でも「靴にきちんと気を遣い、身なりを意識するようになってから、なぜか上役から声をかけられることが多くなり、ありがたいことに忙しくなった」と明かしてくれた男性がいます。

「足元」で評価されるという事実は、読者の皆さんが思っている以上に、日常に潜んでいます。これを意識して読み進めていただけると、より本書の大切さがわかると思います。

そして、靴を磨き出すと、あなた自身の視界にも変化が起こります。視界のどこかに、きれいな靴が目に入る。うれしくなって仕事へのモチベーションがアップする。「美しいもの」「気持ちのよいもの」に触れることで、潜在意識も浄化され、あなたの行動の一つ一つも洗練されていく。言葉遣いも磨かれていく……。

こんな好循環が始まります。

足元は、潜在意識のレベルから、人生をよいほうへも悪いほうへも変えていくのです。

靴ほど愛しい「相棒」はいない

私はビジネスパーソンにとって、**「靴こそ最強の相棒である」**と思っています。

ビジネスの場で戦うときは、いつも足元から支えてくれる。

どんな状況のときでも、黙って泣き言もいわず、付き合ってくれる。

こちらから裏切らない限り、絶対に不義理なことはしない。

ときに、自分の価値を実物以上に輝かしい存在に見せてくれる。

丁寧に扱うことで、必ずカラダと心を軽やかにしてくれる。


こんな素晴らしい「相棒」が、いったいほかにいるでしょうか。

「靴」とは、人生を共に歩んでくれる「相棒」にほかなりません。


もっとも、相棒といえそうなアイテムはほかにもあります。

スーツ、腕時計、鞄……。

確かにこれらは、自分の価値観を代弁してくれる素敵なアイテムです。

もちろん私も、自分が心底好きなお気に入りのアイテムを持っています。

仕立てのいいスーツを着ていれば、物怖じせずに商談に臨めるものです。いい腕時計や鞄を身につけていれば、一目置かれることも多くなります。

しかし、靴磨き職人である私は、「靴」というアイテムこそ、真の相棒と呼べる存在だととらえています。

前に書いたように、靴は人間の足に密着し、そのカラダを本当の意味で支え、運んでいくからです。

いちばん目立たないのに、いちばん基盤になってくれている。

もっといえば、見返りを求めず、一生懸命尽くしてくれる……。

そんなふうに考えると、愛おしいと思わずにはいられないのです。

「靴の健気さ」についてお話しすると、多くのお客様が賛同してくださいます。

どうしても、優先順位が低くなりがちな靴。

ですが、そんな人の心理を逆手にとって、**「相手を判断しなければいけないときは、まず靴の状態を見る」**という人も多いです。

ビジネスにおけるファッションの「優先順位」を見直すこと、つまり靴の優先順位を上げておくことで、人からの評価が飛躍的に高まることもあるのです。

まずはあなたの靴を「相棒」として認識していくことから、始めてほしいです。「もっと磨いて大切にしたい」という気持ちが湧きあがってくるはずです。

靴は一生付き合える相棒

一つの靴とは、一生付き合うことができます。

仕事柄、端的にこう説明したりすると驚かれることがよくあります。しかし、これはおおげさな表現などではなく、本当のことです。

もちろん、履き方や、履く頻度、保管方法、そして靴の手入れの仕方にもよりますが、ほんの少し手間をかけるだけで、その命は格段に長くなります。

わかりやすい例でいうと、靴の一流ブランド「ジョン ロブ」の場合、その「靴の命」は最低20年は見込めます。40歳ぐらいで購入したら、定年まで履き続けることができると思ってください。

また、3万円くらいのシューメーカー（靴の専門ブランド）の靴なら10年程度、お手入れ次第では20年近く履くことができるでしょう。

なぜ、靴の寿命はこんなに長いのか。

まず理由として挙げられるのが、牛革をはじめとする本革（天然皮革）の存在です。良質な本革は合成皮革に比べて格段に長持ちさせることができます（第3章、第4章でも説明します）。

二つ目に、「修理できる」という点が挙げられます。

靴の経年劣化は避けられませんが、靴底が磨り減ったらソールを交換すればいいですし、それぞれのパーツの交換も可能です（靴の製法にもよります）。少し壊れたぐらいで捨てるなんてことにはならないのです。

三つ目は、デザインが廃れないという点です。時代によって流行のデザインはありますが、靴には変わることのない定番のデザインが存在します。デザイン性の面でも、一生使えるアイテムになりえるのです。

最後の理由は、私たち自身の「足」にあります。

私たち人間の足の大きさ、形は、さほど「変化しない」からです。

年齢を重ねるにつれて、太ったりやせたり、体重や腹囲は大きく増減することがあります。実際に、スーツやシャツ、パンツなどのサイズが合わなくなり着ることができなくなってしまった経験がある人も少なくないでしょう。

しかし、靴に接する部分の足については、靴のサイズを変更しなければならないほどの変化があることは稀です。

足の甲の肉づきがよくなることもあるかもしれませんが、その場合は単純に紐をゆるめれば解決します。ストレッチャーなどで革を伸ばすことも可能です。反対に足の甲の肉が落ちて薄くなってしまったら、インソール（中敷き）を入れて履けば問題ありません。

このような四つの理由から、30〜40代で手に入れた靴は、それからのビジネスパーソンとしての人生を最後まで添い遂げてくれると考えてよいでしょう。**つまり、靴は「一生もの」のアイテムなのです。**

「履きつぶす靴」から「共に歩む靴」へ

ところが「靴は履きつぶすもの」と考えている人が思いのほか多いです。お付き合いを始めたばかりのお客様と話していると、「靴は2～3年で捨てるもの」ととらえている人が多いことに驚かされます。

「履きつぶす」というと、ボロボロ、ヨレヨレになるまで、メンテナンスもしないで「使い倒す」。そんなニュアンスを感じます。

でも、靴とは必ず愛情に応えてくれるものです。定期的に磨いて、メンテナンスをし続ければ、現役で活躍してくれる期間は長くなります。靴の持ち主には、「靴と共に歩む」という意識をもってもらえればうれしいです。

その靴と「共に歩んでいく」――。

それは「履きつぶす」という概念からはかけ離れた、誇らしいものであるはずです。なぜなら、革はたとえバリバリとひび割れても、磨けば光沢（ツヤ）が出て、深みが増して、カッコよく見えるものだからです。

よく似たものとして、アンティークの家具にも同じことがいえます。

年代もののアンティークの家具は、もともとの家具としての価値に「歩んできた時間」が付加価値として加えられるものです。

家具も使い込むと、色が濃くなって光沢が出ます。キズやひび割れが入ることもあるかもしれませんが、それも含めて「風格が漂っている」「味がある」と見なされるのです。

物理的に破損したり、革の外見がどうにも見苦しくなったときが、本当の「靴の最期」。だから、靴には平均寿命もないし、「捨て時」という概念が存在しません。

トラブルが起こったときはプロに委ねてもらえれば、部品の交換や補修などで、鮮やかに再生させることもできます。何より、皆さんが毎日ほんの少しの手間をかけるだけで、靴はうんと長持ちしてくれます。


お店のお客様でMさんという50代の男性がいます。あるとき、Mさんが1足の履き込んだ靴をお店に持ち込まれました。話から察するに、おそらく20年以上は履いてこられたのでしょう。

「今までのお礼の気持ちとして、捨てる前にピカピカに磨いてほしい」

聞くと、Mさんは「若い頃から、その靴にとてもお世話になった」というのです。

それまで、数万足と靴を磨いてきましたが、そんなオーダーを受けたのは初めてでした。

（「死化粧」的なことになるのだろうか。Mさんはなんて優しい人なんだ……）

心を打たれた私は、いつも以上に愛情を込めて、その靴を磨きあげました。


仕上がった靴をお渡ししたとき、Mさんは満面の笑みを浮かべてくれました。

そして、こう私に告げられたのです。

「こんなにきれいになるなんて……。こんな姿にしてもらったなら、まだまだ履いてあげたほうがいいね」

Mさんはお店に来たとき以上に軽い足取りで、靴を連れてお帰りになりました。

「お別れ」の儀式のつもりの靴磨きが、「復活祭」になった。このときほど、喜びを感じたことはありません。


Mさんが、長年連れ添った靴に感謝の意味を込めて、「最後の靴磨き」をお願いしてくれたこと。

その気持ちに応えようと、一生懸命磨いた靴を見て、また履こうといってくれたこと。

そして、Mさんが「まだ履きたい」と思ってくれるぐらいきれいな靴に戻せたのは、

Mさんご自身がこれまでその靴をとても大切に扱ってきた証拠でもあること。

こうした事実がとてもうれしかったですし、**「靴は一生の相棒」という事実を真の当たりにできた瞬間でした。**


長い間仕事を共にする「相棒」なら、大切に扱うほかないと思います。

今からでも決して遅くはありません。あなたを支えてくれる靴との正しい関係性を、身に着けていきましょう。

「履きつぶす」というより、「共に歩む存在」というイメージで、靴とお付き合いする人が増えることを願っています。

「靴がきれいな人」という自己ブランディング

靴磨きは、誰でもいつでも簡単にできる「準備」です。

ビジネスパーソンの皆さんで「靴磨きに『ハマる』人が、なぜこんなに少ないのか？」

と正直、私は不思議でなりません。

東京の電車を利用するビジネスパーソンを例に考えてみましょう。日本の経済の中枢を担う、大手町駅、東京駅……といったあたりの駅で、乗客の男性の足元を、密かにチェックしたことがあります。

これは私の体感ですが、「きれいな清潔感あふれる良質な革靴」を履いている人は、全体の10パーセント未満だったと思います。本当に細部までこだわり、靴に気を遣っている人になるとおそらく5パーセントもいないでしょう。

この「靴チェック」は、ぜひ皆さんも試しに交通機関で行ってみてください。「世の中のビジネスパーソンが、いかに足元を意識していないか」が、実感として伝わってくるはずです。

靴磨きをすすめたい理由はとして、ここで一つ強調しておきたいのが、「自己ブランディング」が行いやすいということです。

読者の皆さんは日々、リーダーシップ、わかりやすいコミュニケーション、専門性のある知識、豊富なアイデアや的確なアドバイス……など、ビジネスを進めていく上で自分の強みを作る努力はすでに行っていると思います。

しかし、こうした仕事の中身以前で、誰もがすぐできて、それが抜群の効果をもたらすのが、「靴をきれいにする」ということだと思います。

なぜなら前述のとおり、靴を磨いている人、靴に気を遣っている人は、まだ決して多くはないからです。

そして、これまで説明したように、「靴がきれい」というだけでビジネスでプラスに働くことが山ほど起こります（第3章でも詳しく紹介します）。そしてその効果が自然と「自分の強み」になるのです。

要は単純に「靴がきれいな人」と見られるだけで、十分な「自己ブランディング」になることがわかると思います。

スーツに凝るのもいいと思います。高価な時計を思い切って買うのもいいです。パソコンなどのガジェット系にこだわるのも一つの方法でしょう。

ですが、新たな方法として――。

「まず、靴を磨いてみませんか」

私はそう提案したいのです。

「たかが、靴じゃないか」と思われるかもしれません。

けれどもちゃんとした革靴を履いている人は、身だしなみも100%、きちんとしています。それは、私の「路上時代」の経験から断言します。


「不幸な靴」には、さまざまな形があります。

汚れているままの靴
ところどころはげた靴
キズだらけの靴
かかとがすり減っている靴
爪先が反り返っている靴

サイズが大きすぎる靴
サイズが小さすぎる靴

けれども、「幸せな靴」には、一つの形しかありません。

遠くから見ても、ジャストフィットして光沢をまとっている靴です。

まずは、皆さんの靴も「幸せな靴」にチェンジさせましょう。それが「自己ブランディング」という形で周囲に好影響を与え、さまざまなプラスの効果をもたらしてくれるはずです。

30代が一つの分岐点

足元の重要性に気づくこと。

足元を気遣いはじめること。

それは、早ければ早いほど、理想的です。

「足元を気遣う」といっても「とにかく高級な革靴を買う」という意味ではないということは説明したとおりです。

良質な革靴を購入して、靴の手入れに気を遣う。

こうした人生のサイクルを選ぶのに「遅い」ということはありません。

靴や足もとを疎かにしがちだなと思う人は、いくつであってもどんな立場の人であっても関係ありません。今すぐ、始めてみてください。

ただ、お客様の話などを総合すると、30代から靴にハマりはじめる人が多い気がします。

20代で社会に出て、まずは仕事を覚え、慣れることで精一杯。身だしなみも、スーツやジャケット、ワイシャツ、鞄、時計といったアイテムに気を遣うことはあっても、初めから靴に力を注ぐ人が少ないのは悲しいかな現状です（繰り返しますが、だからこそ「自己ブランディング」が容易です！）。

30代になると、仕事もある程度こなせるようになっていき、年を重ねると共に服装や趣味も洗練されていきます。このタイミングできっかけはさまざまですが、「尊敬できる先輩が靴磨きにハマっている」「革靴のカッコよさや奥深さがわかった」「毎日履く靴の大切さに気づいた！」など、靴を意識しはじめるビジネスパーソンが多いのです。

いろんな影響を受けて「靴の重要性にハマる」。

私は、そんな男性たちを多く見てきました。

そして、そこから10年、20年と靴を大切に扱い続け、自分が年を重ねたときに、これまで丁寧に磨き続けてきた「味」のある靴を履くことができたら――。

こんなに素敵でカッコいい人生はないと思っています。

第2章

磨けば、変わる。だから、始める。

自己管理能力が最速で身につく

人生とは、よい靴と巡り合う旅のようなもの

次のような意味のヨーロッパのことわざを聞いたことがあります。

「自分に合う靴、椅子、ベッドを見つけることができれば、その人の人生は幸せである」

いい得て妙なことわざだと思います。

実際、靴作りや椅子作りの職人さんがこのことわざを引用されてお話しされているテレビ番組や雑誌の記事に接したことがあります。

人間は立っているか、座っているか、寝ているか。主にこの三つの姿勢でいるものです。それぞれのシーンで自分をぴったり支えてくれる「最適なもの」を手に入れることができれば、確かに「幸せ」に違いありません。


仕事で結果を出している方は、無意識のうちに、このことわざの教えを守っていることが多いです。睡眠時のベッドや寝具にこだわっている人は多いものですし、職場や自

宅の椅子にこだわる人も珍しくありません。

靴もまた、同じです。

よくあるのは「自分に合っていない靴」を履いているために、靴ずれができて絆創膏を貼ってしのいで、それでも痛くて仕事に集中できず、靴を買い替えて……というパターンです。

靴選びのときに間違えた靴を買ったり、また購入後のケアを怠ると、あっという間に不快なスパイラルに突入してしまいます。

仕事ができる人は、そんな事態に陥らないように、どんなに忙しくても手間を惜しみません。**自分が過ごす時間を少しでも快適にするために（仕事やプライベートに集中するために）**、身の回りのものの最適化に努めることが、毎日の歯磨きと同じレベルで習慣として身についているからです。

私のお客様にも業界の第一線で活躍されている方はとても多いです。話を聞いていると、幼い頃から身の回りのものを最適化することが好きだった人は多いです。

そして、お金に余裕がないという時代でも、靴を簡単に手入れしたり、自由に使えるお金が限られていても、少しでもよい靴を選んだり。**靴への優先順位が高い人が、圧倒的に多いのです。**

また、靴は姿勢に直結します。サイズが合っていて足裏にフィットした靴でないと、自然に背筋がピンと伸びることはありません。さらに、靴は歩行にも直結します。カラダをきちんと支えられる靴でないと、健康を損なうことさえあるということを覚えておいてほしいです。

あなたが人生で「自分に合う靴」と胸を張っていえる靴と1足でも多く巡り合って、それをしっかりケアして大切に履き続けてほしい。これが習慣になるだけで、日々の仕事や生活が上向きはじめるはずです。この変化を多くの人に体験してもらいたいです。

靴の管理は、セルフマネジメントの象徴

靴磨きとは結局のところ、**自己管理ができているかどうかの象徴です。靴を大切にしているかどうかが、セルフマネジメントできているかどうかの指標になります。**

私は若い頃から、ぼんやりとそうとらえていたのですが、お客様の中にもそう思っている方は少なくありません。

「自己管理の師匠」と私が仰いでいる、会計士のDさんについてお話しします。

Dさんは30代。外資系会計事務所に勤め大手企業と顧問契約を結んでいる有能な会計士です。彼は「会計士」というイメージそのものビジネスパーソンで、数字やデータに強く常にクールです。

Dさんがすごいのは、約30足の革靴を所有して、毎月うまく履き回しているところです。セルフメンテナンスもお得意ですが、私も根本的なケアを定期的に担当させてもら

っています。

約30足の革靴を、理想的な状態に維持するために、日々のセルフメンテナンスや我々のケアをエクセルシートに記録して管理しています。

そんなDさん、もちろん靴だけにとどまらず、スーツやシャツもカラダに合った仕立てのいいものを着ていますし、表情も常に生き生きしていてポジティブなオーラを発しています。

当然、自身の健康や肉体にも気を遣っているので、キックボクシングが趣味でジムに通ったり、毎朝、筋トレをやりながら録画した情報番組を観ているとのこと。つまり、ワークライフバランスに気を配り、健康にも気をつけ、自己管理を徹底しているということです。


Dさんのようにここまで徹底して、自己管理を行える人というのは、世間的に見るとまだまだ少ないはずです。けれども、私のお客様には、そんな自己管理に長けた人が珍しくありません。

私も、自己管理は好きなほうだと自負していますが、Dさんに比べると、まだまだだと痛感します。Dさんは、自己管理を頑張るというレベルではなく、自己管理をもはや楽しんでいるのです。

彼は、もともとのビジネス能力が高いことは間違いありません。

そして、ここでお伝えしたいのは「靴を30足履き回してください」ということでもありません。

「靴をケアする」ためのスムースな環境を整えている。
←
靴だけでなく、身だしなみ、健康、メンタルも整えている。
←
仕事を一層拡大し続けている。

まずはこうした事実を知っていただくことで、これからの内容がより伝わりやすくなるかと思います。

靴がきれいな人に、スーツがヨレヨレの人はいない

靴磨きというのは、自己管理能力を劇的にアップさせてくれる魅力的な方法です。興味をもったことがない人にとっては、「自分とは遠い話だなあ」としかとらえられないかもしれません。けれども、私からしてみると「なぜこんなに楽しくて、メリットが多いことを習慣化しないのですか」ともどかしくてなりません。

まず、靴がきれいなことで「損をすること」は絶対にありません。

そして、人と会う機会が多くなればなるほど、「靴のきれいさ」が大切になってくるのはいうまでもありません。

「1日中、デスクで作業に集中している仕事だから、私は関係ない」

そんな声も聞こえてきそうですね。お気持ちはよくわかります。私も、大量の靴磨きに専念する必要があるときは、楽な靴に履き替えることが多いからです。確かにそんなときは、靴のきれいさはさして関係ないかもしれません。

でも、同じフロアを歩いているときに上役と会ったり、定期的に会議やプレゼンなどの機会があったり……、デスクに座っているときだけこっそり履き替えている「ラフな上履き」だけで通せるわけではないはずです。少なくとも通勤時や移動時は、靴は誰かに見られています。

さらにいうと、靴がきれいな人は、スーツや小物まで注意が行き届いていることが多いものです。

ここで靴と類似のアイテムと見られがちな腕時計と靴を比べてみます。

仕事のアイテムを選ぶとき。優先順位を決める際に、「腕時計」を重視する人は多いのではないでしょうか。

腕時計は、万人にとってわかりやすいアイテムです。

ブランドの価値も広く知られていますし、個性も出しやすいので、いちばんお金をかけたくなる気持ちはわかります。

しかし、一つ気をつけていただきたいのは、腕時計はたとえ高級で良質なものを着けても、それだけでは全身が洗練されたものにはなりにくいという特徴があります。

それは、腕時計が全体の印象を決める靴やスーツやシャツと直結しないという理由があります。

あまりに存在感がありすぎるためか、特別なものととらえられているためか、腕時計だけが独立した存在で、「腕時計がよければこれでＯＫ！」「洋服は二の次でも許される」「時計はいいもの。スーツは着られれば、靴は履ければ問題なし！」という風潮がどこか漂っている気がします。

結果、高級な腕時計、有名な腕時計にヨレヨレのシャツやスーツというスタイルのビジネスマンも見受けられます。いわゆる「ちぐはぐなファッション」の人です。

一方、靴を大切にして丁寧に扱いはじめると自然と全身を気遣うようになります。靴がきれいになると、足が靴になじむのが心地よくて靴下も薄くて少しいいものを選びはじめます。するとパンツの丈やシルエットが気になりはじめます。最終的にはスーツ選びがうまくなり、ワイシャツも常にピシッとしたものを身につけたくなります。小物だってそれらに合うように、雰囲気のいいものを選ぶようになるでしょう。

高級腕時計を着けている人に、スーツがヨレヨレの人はいます。

けれども、靴がきれいな人に、スーツがヨレヨレの人はいないのです。

要は、腕時計と靴は、次元がまったく別のものなのです。

靴が汚い人は、部屋も汚い

靴を磨いている人は、自宅の部屋もデスクも片づいている。

靴が汚い人は、自宅の部屋もデスクも散らかっている。

まるで「偏見」のように聞こえてしまうかもしれませんが、これは本当です。

私は今まで１００軒ほどのお客様宅に靴磨きの出張をさせてもらい靴棚を拝見し、その場で靴を磨かせていただいてきました。正直、招かれた自宅の中で「散らかっているなあ」「乱雑な家だなあ」という印象を受けたところは、今まで1軒もありません。

これとはまったく反対のケースに遭遇したこともあります。私のお客様ではなく、数年前に住んでいたマンションのお隣さん（男性の一人暮らし）のお話です。

ある朝、私が出勤しようと玄関を出ると隣の部屋から煙が出ていたのです。私の妻が最初に煙に気づき、事態を重く見た私が隣の部屋のチャイムを鳴らし扉をドンドンと叩いたのです。けれども、いくら呼びかけても反応がありません。煙の量はどんどん増えてくる……。私は階下に常駐している管理人さんのもとに向かいました。

管理人さんがドアを開けたところ、大量の煙が外へ流れ出し、男性が倒れているのが見えました。

そして煙の元を目で追うと台所のコンロの鍋が目に入りました。つまり、それは立派な小火（ぼや）だったのです。のちに「インスタントラーメンを作ろうとして、そのまま放置してつい眠ってしまった」という事実がわかりました。

さて、そのとき強烈に印象に刻み込まれたのは、「小火の恐ろしさ」以上にお隣さんの部屋の汚さです。多くのものが所狭しと散らかっていました。

「大掃除の真っ最中に倒れてしまったのだろうか？」「空き巣に入られて、荒らされた直後なのだろうか？」などと、疑ってしまったほどの乱雑さなのです。

帰り際、ちらりと玄関の靴が目に入ってしまったのですが、予想と違わず手入れのされていない靴が数足、まるで脱ぎ散らかしたかのように置かれていました。

それから**「靴を磨いていない人は、自宅の部屋も散らかっている」**という法則について、私がますます確信を深めたのはいうまでもありません。


もちろん私はここで、彼を非難したいわけではありません。この経験を通して「きれいにすること」の重要性を広く皆さんにお伝えしたいのです。

彼は小火によって命を落としかけました。

その理由に、「部屋が汚い」という要素は多分にあったはずです。

部屋が汚いので、そのまま心まで「怠惰」になり、すべてが「なあなあ」になり、ラーメンを火にかけたことも忘れうっかり寝ついてしまった……。

右のような悪循環が推察できます。

そんなループを断ち切るには、何か行動の変化が必要だったでしょうが、たとえば靴を整頓する、靴を磨くということからでも、行動は起こせたはずです。

「乱れきった生活を、抜本的に正したい」

「自己管理を徹底したい」

「自宅を片づけたい」

「職場のデスクをきれいにしたい」

「いろいろきちんとしたいのに、なかなか手がつけられない……」

そんな方は、まず1足、靴を磨いてみることから始めてみてください。

靴磨きは憂鬱さえもはね飛ばしてくれる

きれいな靴を履いている人を見ると、気持ちがいいと感じるものです。

それと同様に、**自分の靴がきれいだと自信も湧いてきますし、ちょっぴり幸せな気分になるはずです。**

不思議なことですが、靴がきれいなだけで昨日の嫌な出来事が吹き飛んだり、たとえ気がかりな案件があっても「前向きに立ち向かおう」、そんなポジティブな気持ちになれるものです。

「そんな感情をかみしめる暇はない」というくらい忙しい人でも、自分のきれいな靴が視界に入ったとき、まさか落ち込むことはまずないはず。

またどんな精神状態の人も、きれいな靴でいることで損をすることはありません。

それだけ、きれいな靴にはパワーがあるということでしょう。


靴はどれだけ気をつけて行動をしても、チリやホコリをかぶることは避けられません。

だからこそ、靴磨きやメンテナンスをすることが大事なのです。

どんな「もの」でも、どんな「人」でも、時間が経てば、汚れて、くたびれて、古びていく。それは昔から変わらない真理です。

だからこそ、「きれいにすること」が喜びとなるわけです。

そういう意味では、靴磨きも入浴も掃除も洗濯も根底のところは同じです。

いずれも最初は「ちょっと面倒」と感じることがあるかもしれません。でも、それらを終えたあとには必ず爽快感が訪れます。

「わざわざやらなきゃよかった」と後悔する人なんて、そうはいないはずです。

靴磨き、入浴、掃除、洗濯……。

これらに共通するのは「整理」「浄化」というキーワードです。

いずれも「お金が（ほとんど）かからない」。そして、「手を動かす」という点が共通しています。


プライベートでも私は掃除好きです。休日の楽しみは、好きなお酒を嗜みながら自宅の掃除をすること。部屋を整理整頓して溜まった汚れを取り除きます。

納得するまで掃除ができると、どれだけ気持ちがよいことでしょう。そんなふうに、家を片づけて掃除をすることと靴を磨いてきれいにすることは、実は同一線上のことではないでしょうか。


家を片づけずに「汚部屋」で過ごすのは、誰だって不快なものです。

それなのに……。

不思議なことですが「汚い靴で過ごしていても平気」という人は、案外多いのです。

正直にいうと、私にはその感覚が理解できません。

たとえるなら、「靴が汚いまま外に出かける」というのは「寝ぐせがひどくてヘアスタイルが決まらない状態で外に出かける」のと、同じことだからです。

「快・不快」の基準は人それぞれ違います。けれども**「掃除を日課にするように、靴磨きも日課にする」**。そんな人が増えれば、素敵だなと思わずにはいられません。

靴を買う度に、人生が好転してきた

ここで私自身の靴磨きのヒストリーをお話しさせてもらいます。

今でこそ、靴磨きという世界で自信を持って仕事ができるようになりましたが、最初から靴とうまく付き合えたわけではありません。そもそも私は靴屋の息子というようなサラブレッドでもありませんし、靴磨きの師匠や先輩がいたわけではありません。

靴の扱いにかけては、むしろ劣等生だったかもしれません。なんといっても、靴を臭くしてしまったり、ブカブカの靴を履いていたりしたのですから……。

私が初めてきちんとした靴を履いたのは、19歳の頃。英会話学校の営業マンをしていたときでした。

あまりお金がないので合成皮革の靴を1足、毎日履いていました。複数をローテーションさせるならまだしも、晴れの日も雨の日もこの1足。

当然ながら、あっという間に靴は蒸れ、独特の足の臭いが取れなくなってしまいました。当時の先輩に「この靴、洗濯機の臭いがするんですけれど……」と思わず相談してしまったくらいでした（笑）。

そんなとき、私よりも成績のいい同期の仲間と会う機会がありました。私はそのとき千葉のオフィスで働いていましたが、彼は新宿にある本社に所属する花形社員でした。私より先に、出世コースを着々と歩みはじめている同期。

（同期なのに、なぜ差がついてしまったのだろう）

そんな思いで彼を観察していると、**彼がすごくいい靴を履いていることに、気づきました。**それで私も「次に結果を残せたら、いい靴を買おう！」と決心しました。いい靴を履いている彼を羨む気持ちもあったのでしょう。それから私はうんと頑張ることができました。いい成績を出してお給料を増やし、靴の有名チェーン店で2万円のイタリア製の革靴を手に入れたのです。

しかし、私は誤った靴の選び方をしてしまいます。「靴を大きく見せたい」と願うあまり、自分の本来の靴のサイズよりかなり大きめの28センチの革靴を選んでしまったのです。

当時の私は「靴は大きいほうがカッコいい」という先入観にとらわれていたのです。もちろん歩きにくさに苦しめられました。それでも我慢して大きな靴を履き続けていたのです。

それからの私は、その「一点もの」の革靴を、毎日徹底的に磨きはじめます。奮発して買った革靴ですから、手入れをするのが楽しみでなりませんでした。手入れといっても「我流」です。

「ハンドクリームを使って拭くときれいになる」という法則を自分で発見しましたが、それでは効果は1日しかもちません。

オフィスのフロアには絨毯が敷き詰められていたため、夕方になるとクリームで磨きあげた革にホコリがたくさんくっついてしまうのです。それでも、おかげで「靴は毎日磨くもの」という習慣を必然的に身に着けることができました。また「靴磨きで気分が上がる」という心地よさを知ることもできました。

気分が上がると、仕事にも好影響をもたらします。

「いつも靴を磨いている人」「靴がきれいな人」という評判も社内でプラスに働きました。

こうなると、仕事によりやる気が出てきます。

ここからは営業成績が下がるということはありませんでした。


今から考えると、当時は靴の選び方も磨き方も間違いばかり……。

でもこれらはいずれも、のちに靴磨きの世界へと私を導いてくれた幸せな原体験です。


それからも私は、仕事で成果が出せたときにはご褒美として新しい靴を買ったりと、意識せずとも靴に気を遣い、買った靴を大切に履こうと靴磨きは欠かさず行っていました。

面白いことに、携わる仕事がステップアップすると、靴もグレードアップする。そし

てその靴を大切に履こうと丁寧に扱う。そうすると、仕事もステップアップできる。そんな法則が私の人生にぴったり当てはまります。

だから、ますます靴磨きにのめり込んでいった。そういえるかもしれません。

靴にこだわるから、仕事で成功するのか。

仕事で成功するから、靴にこだわることができるのか。

私は前者であるような気がしてならないのです。

靴は、気持ちを一瞬で切り替えてくれるスイッチ

すでに述べたとおり、靴とはその人のいちばんの相棒であり、価値観を代弁してくれる存在です。さらにいうと、うまく使い分けることで気持ちを一層ＴＰＯに「最適化」してくれます。

「使い分け」といっても、難しいことではありません。

ざっくりいうと、オンのときは革靴、オフのときはスニーカー。そんな使い分けは読者の皆さんもおなじみのはずです。

「毎日スーツ着用」という職業の人でも、足元に気を遣っている方は革靴を微妙に使い分けるものです。

「職場の外に出ず、作業だけする日」、「営業で1日中、歩き回る日」、「お客様や取引先に会う日」などで靴を変える。

ささいなことに見えるかもしれませんが、目的に応じて靴を変えることで気持ちも「最適化」できますし、仕事のパフォーマンスも大きく異なってきます。

営業職など外回りの仕事がルーティーンとしてある方は、こうした使い分けをうまくやっている印象があります。

ただ、こうした方たちの共通した悩みは、「歩き回るため」靴の消耗が激しいことです。せっかく「使い分け」ができても歩き回る靴がすぐに傷んでしまう。

ここでは、基本的な対策を挙げておきましょう。

一つ目は、**「晴れの日用の靴」「雨の日用の靴」の二種類を確保することです。**

「雨の日用の靴」としては、革の表面にツヤのあるコーティングがされた「ガラス革」の靴が望ましいです（１６５ページに詳細）。さらに丈の長い靴なら、なおいいです。

そして少しでも雨の気配がある日は、「雨の日用の靴」を履く。つまり、徹底的に「晴れの日用の靴」を雨から守ってあげてください。革靴のいちばんの敵は「水分」だからです。靴をどれだけ丁寧に磨いてワックスの膜で表面をカバーしていたとしても、雨粒が一滴ついただけで、ダメージの原因となる可能性があるのです。

二つ目は、**「靴底」（ソール）のリペア（修理・交換など）を習慣化することです。**

「晴れの日用の靴」も「雨の日用の靴」も、歩けば必ず靴底はすり減ります。

そのままの状態で履き続けることはせず、こまめに「オーバーホールに出す」感覚で靴底のリペアを意識してください。靴底のリペアは自力ではどうにもできません。

また、お店の方とよく相談して決めてほしいのですが、靴底にはゴム製（ラバーソール）のものも多くあります。靴底に関しては、革製（レザーソール）よりもゴム製のほうがパフォーマンスが優れている点が多いのも事実です（滑りにくい、疲れにくい、メンテナンスの必要性が低い、など）。

とくに毎日よく歩く人は、耐久性の面でゴム製がいいと思います。また「雨の日用の靴」には、ゴム製が必須です。

「よく歩く人」として、MRの営業マンをされているGさんの事例を紹介します。

「MR」とは、平たくいうと医師などを訪問する製薬会社の営業マン（医薬情報担当者）のことです。

Gさんは病院内で医師に会い、薬の話をすることがお仕事です。静まり返った病院内の廊下で医師を待ち小走りに追いかける……というような局面も多いそうです。

Gさんはもともとおしゃれで、フォーマルな革靴にこだわりのある方でした。ところがある時期から「コール ハーン」というブランドのやわらかい靴底の靴を好んで履くようになったのです。

「やわらかい靴底の靴のほうが、病院の中を歩いたりするときに音がしないって気づいたんです」

このような気遣いができるGさんが、その後ますます成績を上げたことはいうまでもありません。

Gさんいわく、もともと好きだったフォーマルな革靴は「歩かない日」などに履くことにしたそうです。まるで洋服を選ぶように軽やかに、TPOに応じて靴をチョイスするGさん。その感覚は素晴らしいと思います。

靴は使い分けることで、長持ちしてくれます。

また、そんな実利的なメリットだけではありません。

靴を使い分けることで、靴への愛情も、仕事へのモチベーションも、そして人生のテンションさえも、維持することができます。

靴とは自分の気持ちや意識を切り替えてくれる「スイッチ」になるのです。

＊

さて、もし「革靴の使い分けを徹底できていない」という場合。

次のページに、使い分けの一例をご紹介しておきますので、参考にしてみてください。

革靴の「外羽根式」と「内羽根式」

専門的な話になりますが、革靴には「外羽根式」と「内羽根式」（巻末付録3ページ参照）の2種類があります。

外羽根式は、アクティブに活動するとき。たとえば外回りでずっと歩く日などに適しています。一般的に内羽根式よりカジュアルという認識です。

内羽根式は、フォーマルなとき。冠婚葬祭や式典など、品格が求められるシーンには欠かせません。

その構造やルーツは、次のようになっています。

▼「外羽根式」……履き口が外に開いて、紐で締めるタイプ。甲革の上にハトメの部分（羽根）が出ている形。

COLUMN

【由来】……外羽根式のルーツは、軍靴です。1810年頃、プロイセン王国の軍人ブリュッヘルが考案したと伝えられています。アメリカでは英語読みした「ブラッチャー」、またイギリスなどヨーロッパ諸国では、ハトメ部分の形状が競馬のゲートに似ていることから「ダービー」とも呼ばれます。

【構造】……靴紐をすべてほどくと、羽根が全開するようなつくりになっています。つまり、着脱がしやすく、フィット感も調節しやすいというのが特徴です。

▼「内羽根式」……靴の履き口がV字型に開き（半開き状態）、紐で締めるドレッシーなタイプ。甲革より下にハトメの部分が潜り込み、縫われています。

【由来】……内羽根式のルーツは、イギリスの王室です。かの有名なヴィクトリア女王の夫・アルバート公が、内羽根式のミドルブーツを考案したのが起源とされています（1853年）。

アルバート公が英国王室の御用邸バルモラル城でデザインしたことにちなんで、イギリスやアメリカでは「バルモラル」といわれています。

【構造】……靴紐をすべてほどいても、羽根は下でふさがれています。つまり羽根の部分が全開しないのが大きな特徴です。そのため外羽根式の紐靴に比べるとフィット感を調節することは難しくなりますが、見た目のスマートさゆえ、格式が高いとされています。

靴を愛しすぎて、捨てることができないお客様の話

靴を「相棒」どころか「恋人」のレベルにまで大切にしている男性、Kさんのお話をします。

Kさんは事業を広く手掛ける60代の経営者です。

Kさんの靴への愛情は深く、100足（！）近く持っています。

そんなKさんですが、**「古くなった靴を捨てられない」**というのです。

私は実際に、出張靴磨きでKさんの自宅に行って拝見させてもらったことがあるのですが、良質な革靴の中に、ずいぶんと年季の入った靴が混じっているのです。

おそらく、それは若い頃に買い求められたものなのでしょう。

なかなかお目にかかる靴ではなかったので、思わず「昔の靴もお持ちなんですね」とお話ししました。

その後、Kさんから次のようなメールをいただきました。

「私はどんな靴も捨てられないのです。なぜかというと、靴は雨の日も嵐の日も黙って私を足元から支え続けてくれました。靴にはとても感謝しています。だから、どんな靴も捨てることができないのです。たとえ安い靴でも、傷んでしまった靴でも、私にとっては大事な存在なのです」

私は、Kさんがそんなことを考えていたと知って驚きました。

もちろん、Kさんはいつも温厚で優しい方ですから、その靴への愛情には納得できます。しかしお金を自由に使える方が、「靴を捨てることができない」といい、「私を足元から支え続けてくれた」と感謝されているところに、驚きと共にうれしくなりました。

愛情を靴に惜しみなく注ぐことができるKさんだからこそ、周囲の人にも優しく丁寧に接することができる。多くの人に愛される。その結果、仕事もプライベートも充実する。私はそう感じています。

靴を徹底的に大事にすることで、人生全体がうまくいく。

彼が、そう教えてくれているような気がしてなりません。

靴磨きはリーズナブル

靴磨きを始めるとなると「お金がかかる」、そんなふうに思う人も少なくありません。

けれども、それは誤解です。

そもそも、靴磨きに必要なアイテムは限られています。

巻末付録の「はじめての靴磨き」で紹介しましたが、次の8つがあれば十分です（3ページ参照）。

シューツリー
馬毛ブラシ
クリーナー
毛足の短い布

乳化性クリーム
豚毛ブラシ
油性ワックス
ネル生地の布

シューツリー（シューキーパー）は、靴と一緒に買っていなければ、この機会にぜひ購入してください。日常の保管時に必須です。

詳しくは、「はじめての靴磨き」で説明していますが、「シューケア」（靴の汚れを落とし、革に水分と油分を補う工程）まででしたら、シューツリー、馬毛ブラシ、クリーナー、毛足の短い布、乳化性クリーム、豚毛ブラシを揃えてほしいです。

「シューシャイン」（鏡面磨き）といって、その後ワックスでコーティングして靴をピカピカにする工程まで行う場合は、油性ワックスとネル生地の布も必要になります。

ブラシやクリーム、布は、靴磨きキットとして、２０００円～３０００円といった価格帯で、通販サイトなどで購入することができます。

もちろん、絶対にこれらを揃えてから始めないといけないというわけではなく、すぐに揃えられるものから始め、だんだんと増やしていけばいいです。

また、布類は古くなったシーツや服などを再利用しても問題ありません。

さらにいえば、まずは100円ショップでアイテムをかき集めてもいいくらいです。

大事なことは、アイテムうんぬんではなく、**1日でも早く始めて、1日でも長く続けることです。**

ちなみに、道具の品質にこだわり出すと、靴と同じで当然価格は高くなっていきます。

たとえば、ブラシ1個で1万円ほどの製品もあるくらいです。

もし靴磨きを習慣化できたら、次は道具にこだわってみるのも楽しいと思います。

やはり質の高いものは使い心地が抜群にいいです。

靴磨きの中級者、上級者になったときのお楽しみとしていかがでしょう。

靴を磨くと、顔がほころぶ

私は昔、自分の靴を磨くのはもちろん、誰かの靴を磨いてあげるのも好きでした。

営業職時代、職場で率いていたチームの後輩の靴を磨いていた時期がありました。

もちろん当時は、靴磨きをこうして一生の仕事にするとはまったく思っていません。

それでも、「靴が汚れているから、きれいにしてあげたい」というのは、若いときから性分としてあったのでしょう。

正直、当時は本当に忙しかったです。この本を書くために思い出そうとしてみても、忙しすぎて記憶が曖昧なところがあるくらいです。


ではなぜ、そんな状況でも、後輩の靴を磨いていたのか。磨くことが習慣になったのか。よくよく考えると「相手が喜んでくれることが、純粋にうれしかったから」だと思います。

また、相手が靴磨きのすごさにまったく気づいていないから「知ってほしい」、そんな思いもありました。

たとえば、いいミュージシャンの曲を発見したときは、周りについすすめたくなるものです。当時はCD全盛の時代で、「このアルバムいいよ」とすすめ合う雰囲気が存在していました。それとほとんど同じ感覚で「靴磨き、意外に気持ちいいよ」「靴磨き、一度やったらハマるよ」「靴がきれいなだけで、気分が全然違うよ」、そう伝えたくてたまらなかったのだと思います。

「靴を磨いてあげるから、そこに座って」「はい、靴を貸して」

靴を脱がされ、最初はきょとんとしていた後輩たちも、私がピカピカに磨きあげた靴を渡すと、「おおー！」と驚きの声をあげ、満面の笑みを浮かべてくれたものです。

つまり、磨きあげた靴を見ると、誰でも必ず表情が変わる。
パッと明るく顔がほころぶ。生き生きした表情になる。
そうすると、少なからず心はプラスの方向に動きます。

仕事だってプライベートだって、必ず前に進むはずです。

そして、そんな変化を目の当たりにできることが、私にとっても小さな幸せだったのです。

社員の靴を毎日磨く支社長

後輩の靴を磨いていたとき、私としては「きちんとした足元で過ごしてほしい」という気持ちで靴磨きをしていたのですが、何人かの後輩は「先輩がきれいにしてくれるのだから」と、直接的に仕事のモチベーションを上げてくれていたようです。

そして、これは私のお客様でCさんという、ある大手保険会社の支社長のお話です。

基本的に保険会社というのは全国に支社があります。支社間の営業成績の競争は、今も昔もシビアなものです。

Cさんは、昔から靴磨きが大好きな方です。

また、Cさんには、あるウワサがありました。

「**自分の支社の社員たちの靴を、毎日きれいに磨いている**」というのです。

私も支社長室を訪れたことがあるのですが、確かにCさん愛蔵の靴磨き道具がズラリと並べられていて壮観でした。Cさんが社員たちの靴を磨き続けているというのは、どうやら本当だということがわかりました。

そして……。

「Cさんの支社の成績は日本一」

そんな事実を、明かされました。


確かに、社員の立場からしてみれば、支社長自らの手で自分の靴を磨いてくれるだなんて、単純に靴がきれいになって気持ちがいいだけでなく、感謝の気持ちが湧くはずです。

それが、仕事のモチベーションになり成果につながるのなら、双方にとって幸せなことはないでしょう。

もっともCさんは根っからの靴磨き好きですから「社員の人心掌握術として……」などという動機ではなく、シンプルに「みんなにきれいな足元であってほしい」と靴を磨かれていたはずです。

ピカピカの靴を見た社員は、気分が上がり仕事のモチベーションも上がる（しかも磨いてくれたのは支社長！）。お客様への印象もよくなり営業活動もうまくいく。成績も上がり支社全体の雰囲気もよくなる。

靴を磨いてあげることによって、チームに好循環が生まれているいい例だと思います。

COLUMN

靴磨きをプレゼントに！

磨かれた靴を見れば、誰もが表情が変わります。

一瞬で表情が明るくなります。

そんな「うれしさ」を知っている人は、靴磨きを大切な人へのプレゼントに選んでくれます。


ある女性のお客様は、ご主人の誕生日を前に「長谷川さんのお店で、『靴をピカピカに磨いてもらうこと』を、夫にプレゼントしたいんです」といってくれ、ご主人が履き込まれた靴を持参されたことがありました。その靴は、5年前ご主人に誕生日プレゼントとして贈られたものだったとも聞きました。

（靴磨きを、誕生日のギフトにしてくださるなんて！）

彼女には、とても大きな感動をもらいました。

また、女性の秘書職の方は、担当している上司の昇進祝いに、靴磨きをプレゼントされました。

靴磨き好きの上司を、サプライズでお店に連れてきてくださったのです。

私たちは、こっそり冷えたシャンパンを用意しておいて、お二人に飲んでいただきながら、一種のショーのように靴をピカピカに磨かせてもらいました。

心のこもった素敵なサプライズにより、上司と秘書の方の信頼感が一段と増したことはいうまでもありません。

大切な人が靴にこだわりのある方でしたら、間違いなく喜んでくれるプレゼントだと思います。もし、いつもと違ったプレゼントを用意したいと思っている方がいれば、一度贈りものとしての靴磨きを考えてみてはいかがでしょうか。

COLUMN

出張でこそ、靴磨きを

「靴がきれいなことには、プラスしかない」

この原則は、いつでも当てはまる原則です。

たとえば、出張などの旅先にいても、靴に意識を向けることはとても大事です。

もちろん仕事となると、いつも使っている靴磨きの道具を持ち歩けないかもしれませんが、トラベルグッズとして最低限のアイテムを持って行くのもいいかと思います。

また、ホテルによっては簡易の靴磨きアイテムが置いてあるところもあります。

少し時間があるなら、そのホテルや近くにある靴磨きサービスを利用するのも手でしょう。

旅先では、むしろ「どう、靴を磨くか」というより「いつ、靴を磨くか」というほうが重要です。

私の場合、ホテルなどに着いたら荷物を降ろし、すぐに靴を磨くことを徹底しています。

なぜなら、長距離の移動は、かなり靴が汚れるからです。

飛行機や新幹線の中では、知らず知らずのうちに、靴をあちこちにぶつけているもの。汚れを取り、傷みの度合いを確認するという意味でも、最優先で靴磨きをしています。とにかく「早い段階で、最低限の汚れを落とすこと」が大事です。

それを終えれば、新たに外出するもよし、部屋でひと休みするもよし。

手を無心に動かすことで、いつもと違う環境にヒートアップした頭をクールダウンさせ、気持ちをうまく切り替えることができます。

「出張でこそ、靴磨きを」

ぜひ多くの方に実践してほしいと思います。

第3章

磨いて変わった17のこと

靴磨きがもたらすプラスの変化

お客様こそ、靴磨きの効果の体現者

私はお客様に、こう質問をさせてもらうことがよくあります。

「靴磨きを始めたことで、変わったことってなんでしょうか？」

すると、ほとんどの方が口を揃えて、こんなことをおっしゃるのです。

「靴磨きをすることで、人生が好転しはじめた」

これには共通する大きな流れがあるようです。


「靴磨きをすることで、靴がきれいになる」

「仕事に行く気分が起こる」

「仕事そのものへのモチベーションがアップする」

「プレゼンや商談など、自信をもって臨めるようになる」

「靴がきれいだと好印象をもってもらえる」

「ビジネスでの結果が自然とついてくる」

「プライベートもおのずと充実しはじめる」

「人間関係に恵まれはじめる」


人前に出ることで自信がついて、仕事もよりうまくいき、私的な場面も充実する。そんな共通点が見られます。

「たかが靴磨きではないか」と思われる人がいるかもしれません。

でも、お客様の話を聞いていると、靴磨きの素晴らしい効果に、私自身も驚かされるのです。

何より、そんなお客様が何カ月も何年も通い続けてくださっている。

つまり、一時的ではなく現在進行形で充実した人生を送っているところが説得力の増すところです。

また「現状維持」どころか、お店に来るたびにビジネスを加速させている方が多いのも事実です。

そんな素晴らしいお客様に教えてもらうことは多いものです。

本章では、お客様から教えてもらった「人生の変化」を中心に、靴を磨いて起こる「プラスの変化」について挙げていきたいと思います。

ただ靴を磨くだけで、こんなにも「いいこと」が得られる。

「いいこと」が一つ起こるだけではありません。時間が経つに連れて二つ、三つと「いいこと」は必ず連動して起こります。

そんな事実を多くの方に知ってもらいたいと願っています。

PLUS
01
仕事へのモチベーションが上がる

お店のお客様たちが、靴磨きの効果としてまず挙げるのが、「仕事に行くのが楽しみになる」「会社に行きたくなる」「とりあえずやる気が出る」「人に会いたくなる」といった、あらゆる**「モチベーションのアップ」**についてです。とくに、靴磨きを始めたばかり、初めて靴磨きをやってみたという方は口を揃えていいます。

彼らの多くは、自分でケアするときは「週末、家で靴を磨く」といいます。時間に追われているわけではないので、自分が納得いくまで磨くことができます。

そんな磨きあげた靴を、月曜の朝に見たとき。

「ワクワクする」「とくに根拠はないけれども、自信が湧いてくる」「仕事がなんだかうまくいきそうな気がする」「重くなりがちな週明けの足取りが軽くなる」……。

このように、**ポジティブな気持ちで満たされる**と教えてくださいました。

「仕事そのものが、最近つらくなってきた」

「職場の人間関係に、疲れ気味」

「通勤のことを考えるだけで、げんなりする」


もし、あなたの心がこんな考えでいっぱいになっているならば、だまされたと思って、まずは靴を磨いてみてください。無心になって手を動かすことで、新たに見えてくることがあるはずです。


靴は、あなたを象徴するビジネスアイテムです。

まだ靴磨きをしていない方は、こうした意識をもつことから始めてください。

すでに靴磨きを始めている方は、何か節目の仕事の前、しっかりと納得いくまで磨いてみるのはいかがでしょう。

靴磨きを自分の「やる気スイッチ」として活用してください。

PLUS
02

足元が、いつも気持ちがいい。

とくに活動をしない日でも、外出や運動をしない日でも、部屋着で1日リラックスしているだけでも……。私たち人間は確実に汚れていきます。呼吸をしているだけで、肌から皮脂が出て少なからず汗もかきます。だからこそ、毎日お風呂に入ったり、シャワーを浴びたりして、もとの「きれい」な状態にまで回復を試みるわけです。

忙しいときは、それらの営みを「面倒だ」「手間だ」と感じることがあるかもしれません。けれども、どんな人でも汚れを洗い流して「きれい」なカラダを取り戻したとき、さっぱりとした気持ちよさを感じるはずです。

靴磨きも、それとまったく同じことです。**作業を終えたとき、また靴に足を入れたとき、靴を履いて歩き出したとき、「気持ちいい」という快感を必ず得られます。**

靴を磨くことは、ワイシャツにアイロンをかけることと似ていると思います。自分でアイロンをあてたパリッとしたワイシャツにそでを通すとき、とても気持ちがいいものです。

自分が丁寧に磨きあげた靴を最初に履くときも、それと同じ感覚になります。

そしてときには、それ以上の気持ちよさを覚えることがあります。たとえていえば、真新しいワイシャツや新調したスーツに、そでを通すイメージでしょうか。

それは靴が「育つ」アイテムだからです。

あとで詳しく説明しますが、革にクリームで栄養を与えることによって、靴はしなやかに育ちます。そんな心地いいやわらかさの革に包まれる感覚は、靴磨きをした靴でしか味わえません。

こうしたひと味違う「気持ちよさ」「心地よさ」を毎回のように体感できるのが、靴磨きのいいところです。足元が不快ではメンタル的にも見た目的にも、きっとうまくいく仕事もうまくいかなくなってしまうでしょう。

自己管理の基本は足元です。まずは足元をきれいにすることから、気分を上げていくことを習慣化できれば、あとに書くようないくつものプラスの効果が期待できるのです。

PLUS
03
好印象になる。

きれいに磨かれた靴から漂うのは「清潔感」と「さわやかさ」です。当然それらは、相手に好印象を与えます。

たとえば多くの女性は、「清潔感」「さわやかさ」を重視するというのが私の印象です。「派手さもゴージャスさも不要、清潔感やさわやかさが大事」。近頃はそんな傾向が強いように思います。

前に述べた「先端」の大切さもいい例です。

繰り返しになりますが、靴をきれいに保つということは、身だしなみを整える際にもっとも注意すべきポイントの一つなのです。

こうした影響があるので、ここまで書いたように、「靴がきれいな人」と周囲に認識されることで人間関係がうまく回っていくのも納得だと思います。

あと、お客様の話でよく聞くのは、印象がアップしたことで新たな場に行くことが増えたということです。

上司、同僚からの誘い、会食や交流会などにも呼ばれることが増えたりと明らかにコミュニケーションの幅が広がったそうです。

これは靴を磨いたことで、ポジティブになった、自信が出た、信頼感が上がったなど複合的な理由が考えられますが、まずは「見た目」の印象がよくなったことが大きなきっかけとなっているでしょう。

靴や足元に気を遣いはじめると、それが全身に波及していくという話はあとでしますが、靴磨きが簡単でわかりやすい方法なのは間違いありません。

そして、お客様の多くはビジネスの上でステップアップされていきます。役職が上がったり、プロジェクトの責任者になったりと、うれしいエピソードを聞かせていただきます。こういうお話を何度か耳にすると、実は「靴磨きを始めると、出世する」という法則も成り立つのではないかと思っています。

PLUS

04

自信が出る。

これまで、「靴を磨くと自信が湧く」という事実については、何度か触れてきました。

ではなぜ、きちんと磨かれた靴を履くと自信が出るのでしょうか。その答えとしては「**『鎧（よろい）』をまとうことができるから**」というのが感覚的にいちばんしっくりきます。

ビジネスマンで「鎧」というと、スーツを連想する方もいるかと思いますが、私は靴まで含めての鎧だと思っています。

鎧は自分を守ってくれるものです。

そういう意味で、靴がきれいなことで人は安心感を得ることができます。

もし靴が汚かったら、「なんか心もとない」「落ち着かない」「恥ずかしい」「見られているんじゃないかと気になる」「見るたびにテンションが下がる」と不安な気持ちでいっぱいになってしまいます。それらが、いつのまにか自信を奪っていきます。

それとは反対に、きれいな靴を履いていれば、「今日の自分は、大丈夫だ！」と自分を肯定することができます。

人は誰だって、無意識のうちに自分で自分を判断しています。

化粧室に入れば、自分のヘアスタイルを見て「いいか、悪いか」判断する。

ショーウインドーに映る自分の全身を見て「いいか、悪いか」判断する。

でもそれは、その人たちが、特別に「美意識が高い」ということではありません。

人は本能的に、「他人からどう映るか」を気にする習性があるのです。

たとえばヘアスタイルがなかなか決まらない日は、テンションも少し下がります。

反対に、「今日の靴はきれいで気持ちがいい」と朝に確認できた日は、それだけでなんか気分が上がり、そんな自分を肯定できるはずです。

靴が無条件の安心感を与えてくれるのです。

とくに靴は、髪などと違って、いつでも自分の視界に入ってきます。いってみれば、**きれいな靴はいつでも「大丈夫だよ」とエールを送ってくれる存在でもあるのです。**

靴は扱い次第で、強固な鎧にも、もろい鎧にもなる存在だということを覚えておいてほしいです。

PLUS
05

信頼感がアップする。

「きれいな靴を履いている」というだけで、信頼感を高めることができます。

「毎日きれいな靴を履くだけ」。これは靴を大切にされている方にとっては、当たり前に思われるかもしれません。しかし残念なことに、思いのほかこの部分を徹底できていない人が多いのも事実です。

そもそも「靴をきれいにする」というのは、社会人として最低限の身だしなみのマナーであるはずです。見た目のカッコよさや、ファッションにこだわる以前の話となります。

靴はビジネスアイテムの中で、もっとも汚れるもの。**汚れるのは当たり前ですが、汚れているのが当たり前だと思っている人が多いことが問題です。**

皆さんの周りを見回してみてください。ホコリっぽかったり、キズが目立ったり、泥がはねていたり、靴底がすり減っていたり、キズやスレだらけになっていたり……、そんな靴を履いている人というのは意外と多いものです。

だからこそ、「きれいな靴を履いているだけで、一気に信頼感が上がる！」という事実が生まれてきます。

やはり、きれいに磨かれている靴を履いている人と仕事をすれば、きちんと丁寧に対応してくれそう、スケジュール守ってくれるだろうと思うはずです。反対に、汚れている靴を履いている人には、「なんだか余裕がなさそうだから、お願いしたくないな……」「いい加減な仕事をしないだろうか……」など、不安な気持ちがよぎってしまいます。

心の余裕がなさそう、時間管理ができていなさそう、セルフマネジメントどころではなさそう。実際にそうなのかは別として、そんなふうに思われる可能性が高いのは間違いありません。

なぜか人と関わる仕事がうまくいかない。そんな悩みがある方は、基本中の基本である「足元」を意識する必要があるかもしれません。

冒頭の言葉をいい換えるなら、**「靴を磨くだけで、信頼感がアップする！」**。まずはひと拭きからでかまいません。一度、実行に移してみてください。

PLUS
06
相手を「見極める基準」が増える。

あなたが思っているより、靴は他人に意外と見られている。これは間違いないです。ビジネスで会った方が、靴好きな方、靴磨きを習慣にしている方、ファッションが好きな方でしたら、**まず靴を見られていると思ったほうがいいでしょう。**

もちろん、あなたの靴をまじまじと見るようなことはしません。ですが、ちらりと観察されているはずです。靴への興味がある方は、ちらりと見ただけでも多くのことがわかりますし、**きっと靴を、あなたを見極める判断材料の一つとしています。**

読者の中にも、こうした見極めをすでに実践されている方はいるかと思います。お店のお客様も靴磨きを始めてしばらくすると、相手を見るとき、まず靴に目がいくようになったと、皆さん口を揃えていわれます。

どのように判断されるかは、もうおわかりだと思います。

靴が汚れていることで……。

「だらしがないな」「なんか信用できないな」「余裕がないのかな」「周囲への気遣いができないのかな」「スケジュールを守ってくれるのか」などと思われてしまう可能性が大いにあります。

このように、知らないあいだに靴で自分のことを判断されてしまう。ですから「靴を清潔に保つことは大事です」と本書で伝えていますが、そうなると、靴磨きを始めることで、次はあなたが相手の靴を観察するようになります。

これは**「相手を見極める際の判断基準が増える」**ということです。

もちろん、先ほど述べた判断は絶対に合っているわけではありません。相手の「過去の行動」「人生観」などがすべてわかるわけでもありません。ですが、靴に注目して人を見ていくようになると、それがあながち間違ってはいないことに気づくと思います。

基本的な「人間性」という部分においては、かなりの確率でわかるようになるはずです。

「人を判断する基準が一つ増える」というのは、なかなかない経験です。

「判断する基準」は、「価値観」ともいえます。靴磨きを通して得られる新たな価値観を大切にしてみてはいかがでしょうか。

PLUS
07
「相棒」ができる。

仕事で「何か特別なことがあるときの前日」に靴を丁寧に磨きあげる、という人は多いです。プレゼン、打ち合わせ、会議、転職の面接など、不安な気持ちを整理するかのように一心不乱に磨く。お店のお客様からもそんな声を聞くことがよくあります。

この感覚は靴独特のものだと思います。

こうしたタイミングで時計を磨くという話はあまり聞いたことがありませんし、財布や鞄を磨くという人も多くはないと思います。

これは、意識しているか、していないかは別として、靴が「相棒である」という思いを抱ける存在だからだと思います。

自信を植えつけてくれるものとして、「一緒に挑む」という感覚をもたらしてくれるのが靴というアイテムの特徴です。

お店にはときどき、就職活動中の学生の方が来られます。「明日、第一志望の面接なんです」と、真新しい黒い靴を磨きにきてくれるのです。

この若い年齢で、「大事な日の前には、靴を磨かなければ」と行動に移せることは素敵なことですし、こんな学生の方は就職活動もきっといい方向にいくだろうと思います。

こうしたときは、志望する業界や業種を聞かせていただき、それに合った「磨き具合」「光り具合」を提案させていただきます。

もし、「靴磨きが面倒だ」という人がいたら。「毎日続けられない」という人がいたら。

大事な日の前だけ、まずは徹底的に磨いてみてはいかがでしょうか。

「きれいな靴を履いて、明日は思いっきりやるだけだ！」

「これで思い残すことはもう何もない！」

そんな「心の準備」が整えば、前向きな気持ちで挑めることは間違いないでしょう。

またそこでいい結果が出せれば、**日常的に靴を磨きたくなるはずです。**

常に自分を支えてくれる「相棒」がいれば、心は強くなります。

「たかが、靴」ではなく、一緒に歩む存在として大切にしてほしいです。

PLUS
08
一瞬でポジティブになれる。

これまで私は、多くの人の目の前で靴を磨いてきました。

「靴のオーナー」の表情を、靴磨きの前と後で何万回も見比べてきました。

そこでわかったことは、**磨かれた靴を見て、うれしくならない人はいない、**ということです。反応はそれぞれですが、皆さん必ず「笑み」を浮かべてくれます。


「すごいです！　感動しました！」とストレートに喜んでくれる人。

「まさか、こんなにピカピカになるとは思わなかった」と驚き混じりの人。

「へぇー、こんな感じなんですね」となぜか照れ笑いを浮かべる人（靴磨きを甘く見ていたのでしょうか？）。

物静かでクールな方も、靴を履いたら途端にニヤッとうれしそう。

常連の方も、靴の生まれ変わった姿を見て、愛おしそうに微笑んでいる。

とにかく、仕上がりを見た瞬間、表情がポジティブに変わるのが、毎回印象的です。

磨きあげた靴には、どんな人の心もとろけさせてしまうような強力な魅力が備わるのです。

人の心を一瞬でポジティブにする「靴磨き」は、まるで魔法のスイッチのようです。

同じような力を持つものとしては、音楽が挙げられるでしょうか。

皆さんも経験があると思いますが、とにかく自分が好きな曲というのは、イントロのメロディが流れてきただけで、一気にテンションが上がるものです。

たった数秒のメロディーラインでも、私たちの心は揺さぶられ、がっちりとつかまれてしまいます。その瞬間、たとえ嫌なことが頭にあっても一瞬でポジティブになれます。

途端に、見える景色まで変わることだってあるでしょう。

そんな音楽の不思議な力と、「靴磨き」がもたらしてくれるものは、どこかよく似ているのかもしれません。

PLUS

09

身だしなみが洗練されてくる。

靴とは不思議なアイテムです。**靴がきれいになることで、カラダの下から上へと「洗練さ」が波及していきます。**

磨きあげてよく手入れされた靴を履くと、足元がスッキリ気持ちいい。すると靴下に気を遣うようになり、薄くて良質なものを選ぶようになります。

次は、必然的にパンツの丈やシルエットが気になりはじめ、続いてきちんとしたサイズのスーツを着るようになる。ワイシャツもカラダに合ったものを選ぶ。そのスーツやパンツを着続けたいから、ウエストにも気を配りはじめ、生活も改善される……。

このように、好循環が生まれ、全身が洗練されていきます。

最初に「不思議なアイテム」と書きましたが、これは靴ならではの特徴といえます。

初めに仕立てのいいスーツを揃えた人で、足元まで気を配れない人はいます。しかし、靴を大切にしている人に、よれよれのスーツやサイズが全然合っていない服を着ている人はほとんどいないです。お店のお客様を見ていると、とくにそう思います。

なぜ靴が、こうしたメリットをもたらしてくれるのか考えると、その答えとして**「ベーシックなものへの『見る目』を養ってくれる」**ということが挙げられると思います。

長いあいだ靴を大切に履こうと思ったら、やはりベーシックなデザインのものを選びます。私自身も、靴を買う場合「60歳になっても履ける靴かどうか」というのは大きな基準になっています。

「古くなってもいいものを」「長く使っても変わらないものを」

こうした感覚が研ぎ澄まされていくように思います。

スーツやシャツやパンツも、やはりベーシックなもののほうが印象をよくし、人に違和感や不快感を与えることはありません。

「洗練さが増す」ということは、「ベーシックなものの選び方がうまくなる」ということと同じ意味なのかもしれません。外見（服装）を整えたいと考えている人は、「まず靴から」がもっとも近道です。ベーシックへの「見る目」を磨いていきましょう。

PLUS
10
身の回りが整理整頓される。

靴磨きを始め靴がきれいになると、部屋やデスクや鞄の中など、身の回りも同じようにきれいになっていきます。

そもそも、靴をきれいに磨こうとしたとき――。

当たり前のことですが、靴磨きをする周囲の空間も、きれいでなければなりません。

ここでいう「きれい」の条件を挙げると、具体的に次の三つです。

「余計なものがない」「整理整頓されている」「風通しがいい」

つまり、がらんとしているくらいのほうが、むしろいいのです。

玄関で靴磨きをされる方は、余計な荷物などを置いていないはずです。ベランダやリビングなどで磨かれる場合も同じだと思います。ある程度のスペースがないと磨くことはできないので、自然と片づき整頓されていくはずです。

この法則は、もちろん私たちのお店にも当てはまります。

だからこそ、いつも整理整頓を意識するようにしています。

お店が掲げるテーマは「毎日大掃除」。整理と浄化が、日々の目標です。

一般的に「靴磨き店」「靴磨き職人」というと、「汚れている」というイメージを持っている方もいるのではないでしょうか。

靴磨きを仕事にしている方にも、「道具が乱雑に散らかっているほうが、熟練した職人の仕事場っぽい」「仕事に熱中しているからこそ、汚れていて当たり前」という意識があるかもしれません。

しかし、私たちは違います。そんなイメージを覆したくもあり、カウンタースタイルの清潔で洗練された空間を目指しました。

エプロンなどもせず、スーツ姿で靴を磨くのも、そんな理由からです。

そもそも、「靴をきれいにします」と掲げているお店の中が汚れて雑然としていては、説得力がありません。仕事場や身だしなみをきれいにできない職人が、靴の汚れをきちんと落とし磨きあげることはできないと思います。

それに、「靴を磨く場」とは、お客様だけではなく「靴そのものをおもてなしする場」でもあります。このぐらいの意識を持って靴を大切にできれば、おのずと身の回りも整っていくはずです。


先に挙げた三つの条件は、どんな場所にも当てはまるはすです。

靴をきれいにして、靴磨きをする場が整理整頓できた人は、自分自身の生活環境もガラリと変わります。

「デスク周りが雑然としているのが我慢ならなくなって常に整頓するようになった」

「必要なものが整理されて、収納がきれいになった」

「靴だけでなく、鞄や財布などのビジネスアイテムをきれいにする習慣がついた」

こうした「いい変化」のお話はよく聞きます。

靴がきれいになれば、すべてがきれいになる。

整理整頓が波及していく感覚は本当に気持ちがいいものです。

PLUS

11

歩き方と姿勢がよくなる。

靴を磨くことで、歩き方が変わり姿勢までもがよくなります。その理屈は明らかです。

靴に意識がいけば、**まず自分の足にぴったり合う靴を履きたくなります。**

かかとのちょっとした空き具合や靴の中のズレが気になってきます。これらが直れば、靴を引きずるように歩いたり、パカパカしたまま歩いたりといったことがなくなり、**はたから見ても歩き方がきれいになり、足が疲れにくくなります。**

もし足が疲れやすいと悩んでいる方がいたら、「靴のフィット感」に目を向けてください。本当に自分の足に合っているのか、一度確認してみることをおすすめします（自分の足に合った靴を選ぶポイントは、第4章で紹介します）。

また靴磨きや修理の際に、**自分の歩き方のクセに気づけるようになります。**

たとえば、「靴底が、なぜか片方だけ減る人」は、どちらか片方だけに重心がかかっていてカラダのバランスが悪いのかもしれません（カラダのゆがみの原因の可能性も！）。「靴底の外側だけ削れている人」は、がに股やO脚の傾向が考えられます。膝や腰に負担がかかり痛みの原因にもなり得ます。こうして、クセがわかると歩き方や姿勢を自分で矯正していくこともできるのです。

さらに先ほど述べたように、きれいに磨かれた靴を履くと自信が湧いてきます。すると、**おのずと背筋が伸びて姿勢がよくなります。**猫背気味の人だって、まるで背中に定規を入れられたように背中がシャキッとします。

これに近い現象は、新調したスーツを着た瞬間にも見られます。新しいスーツに身を包んで鏡の前に立つとピシッと姿勢が変わるはずです。当然ながら、歩き方もいつもと違って一人でに矯正されて颯爽とカッコよくなります。

ほかにもお客様の話を聞くと、**「せっかく磨きあげたきれいな靴を、むやみに汚したりぶつけたりしたくない」**という意識が強く働くため、所作に気を遣うようになるという方も多くいます。

たとえば、横断歩道で慌てて走ったり、電車に駆け込んだりせずに、全体の動作が落ち着き丁寧になります。そのために、移動の際余裕を持った行動をとれるように、スケジュールなどもきちんと管理していくようになるという、好循環ももたらしてくれるとのことです。

電車などでも、姿勢よく座っている人に注目してみてください。ほとんどの人は、きれいな靴を履いているはずです。反対に、足を投げ出すなどだらしなく座っている人は靴に気を遣っていない人が多いと思います。だらしない座り方をしていると、自然と靴をものや人にぶつけてしまう機会も多くなりますので、当然といえるのではないかと思います。

足元を大切にしている人に歩き方や姿勢が悪い人はいない、というのが私の持論です。

姿勢が正しくなると心が変わるといわれるように、靴を磨いてカラダをピシッとさせることは、自分を変えるためにも非常に大切な習慣だということがわかると思います。

PLUS
12
余計な出費がなくなる。

靴を磨くようになると、「履けなくなるまで、とことん1足を履きつぶす」ということがなくなります。数足をその日の天候やシチュエーションによって使い分けながら履き回す。そして修理に出しながら、1足の「靴の生涯」をできるだけ永らえさせて履き続ける。

つまり「あの人の靴はいつもきれい」という印象を周囲に与え続けながら、靴全体のコストパフォーマンスを抑えることができます。

たとえば、5000～1万円ぐらいの革靴を毎年履きつぶすのと、3～5万円ほどの靴を大切に扱い10年以上気持ちよく履き続けるのとでは、後者のほうが経済的な面でもものとの向き合い方においても、実践してみたいと思うのではないでしょうか。

いったん靴磨きを習慣化すると、**「より質のいい革靴を履きたい」**。そんな欲求がどんどん強くなっていくはずです。

革は定期的に磨けば磨くほど、より質のいいものへと変貌していきます。

そもそも多くの革靴は、値段に比例して「革の質」は上がっていきます（例外もあります）。そして、当然質がよければ、磨きがいもアップしていきます。

革の質と値段の関係はわかりやすいです。

たとえば、安価な革靴は、1頭の「成牛」（大人の牛）から10足分以上の革を確保します。ですので価格を抑えることができます。

しかし高級な靴は、1頭の「子牛」（カーフ）から数足分しか確保しません。なぜ子牛なのかというと、子牛のほうが成牛より毛穴が小さくキメの細かい革がとれるからです。そして最高級の革靴となると、1足分しか使いません。1足分しか使わないのは、背中やお尻などもっとも質のよい部位の革しかとらないからです。だから価格は高くなります。

買うときは少し高いと思うかもしれませんが、質のいい革靴を数足買って、それを10年以上履き続けるつもりで大切に扱う。

革の質がいいので、しっかり手入れをすればするほど革がなじみ育っていく。

革が自分の足の形にフィットしていく。

いつも気持ちのいい靴を履くことができる。

こうした経験が得られると、生涯に何十足も靴を買う必要がないということがわかります。

自分が気に入った靴を、しっかり手入れして使っていったほうが、不必要な出費をなくすことができるということになります。


「安い靴は不経済だからね」

イギリスのブレア元首相が残したこのひと言が、ここで伝えたい靴の価値をわかりやすくいい表していると思います。

PLUS

13

行動的になれる。

お店でお客様が磨かれた靴を履いて鏡を見たあとに、よくいわれる言葉があります。

「このあと、どこかに行こうかな……」

磨かれた靴を履くと、人はどこか行動的になります。

洋服を例にとれば、皆さんも経験があるのではないでしょうか。

新しい洋服を初めて着たときは、いろいろな場所へと繰り出したくなるものです。大切な人とどこかへ行きたいと思うでしょうし、一つ用事が終わっても、なんだか家に帰りたくない気持ちになることだってあるでしょう。

靴もこれと同じです。

お客様の中にも、「誰か誘って飲みに行こうかな」「妻と外食しようかな」「このあと気になっていたバーに行ってみようかな」と少しウキウキしながら話してくれる人がいます。こうした場面に遭遇すると、靴磨きには停滞していた気持ちを明るくし前向きにする力があるんだなと、改めて思い知ります。

「とびきりいい靴を履きなさい。いい靴を履いているとその靴がいいところへ連れて行ってくれる」

ヨーロッパにはこのようなことわざがありますが、私はこの言葉どおりのことを目の当たりにしてきました。行動的になりポジティブな気分で出かけることが、新しい出会いや発見につながります。

そしてそれは、若い方はもちろん、どんなに年齢を重ねた方についてもいえることです。「新しく発見すること」を面倒だと感じたり、煩わしく思うようになったとしたら、あらゆる成長が止まってしまいます。

靴がきれいだから、行動的になれる。行動的になるから、新しい発見も増える。その結果、自分が成長できる。毎日の刺激がちょっと足りないと思っている方は、靴磨きをスイッチにして、新しい場所へ出かけてみてはいかがでしょうか。

PLUS

14

早起きできる。

靴磨きが習慣化すると、早起きも習慣化する。

一見この二つは何も関係ないように思いますが、多くのお客様が「**靴を意識しはじめたら早起きになった**」と話します。

理由は単純です。靴磨きをすると、靴がピカピカになり「大事に履こう」という気持ちが自然と芽生えます。すると、**朝の通勤ラッシュや人が多い時間帯を避けて行動するようになるというわけです。**

靴を大切にしている人や靴磨きをした人が、もっとも気にすることの一つが、「**靴を踏まれる**」ことです。普段生活している中では、靴を踏まれることはそう頻繁にはないですが、やはり朝のラッシュ時など人が多く、しかも皆が急いでいるところでは、かなりの確率で足を踏まれたりキズつけられたりします。

もちろん靴は汚れるものですから、ちょっとやそっとのキズや汚れを気にしすぎるのはよくないと思います。けれど、これが毎日、毎朝のこととなると仕事前にもかかわらず、やはりテンションは上がりません。

靴を磨くと、そんな事態を防ぐために通勤ラッシュの時間帯を避けて、通勤時間を前倒しするようになる、ということです。

通勤時間を前倒しできれば、ぽっかり空いた朝の時間に、職場近くのカフェで新聞や資料を読む、勉強をする。スポーツジムで始業前に汗を流す。人が少ない始業前のオフィスで仕事に集中して取り組む。このように、朝の時間をより有効に使えるようになり、仕事やプライベートを充実させることができます。

「早起きをして朝の時間を有効に使おう」「『朝活』を習慣化しよう」

そういわれても、実際はなかなか続かないものです。**けれども靴がきれいだと「家を早く出発しなければ」、そんな心理が働きはじめるのは事実です。**

この心理をうまく使い、朝の時間を有意義なものにしている人は、お客様をはじめ私の周りにたくさんいます。毎日の仕事をきれいな心地いい靴でスタートさせるためにも、早起きを習慣にしてみることをおすすめしたいです。

PLUS
15
「ながら作業」で時間が有効に使える。

仕事が忙しい人にこそ靴磨きをすすめたい理由の一つに**「時間を有効活用できる」**ということが挙げられます。巻末にあるように、靴をピカピカに磨きたいと思ったら、少なくても30分以上はかかると思います。「シューケア」だけでも10〜20分かかりますし、それを数足行うとなったら、それなりに時間がかかります。

そんなときは、**靴を磨きながら何か一緒に行うことを習慣化してもらいたいです。「時間がない」といい訳にしてやれていないことを、靴磨きと一緒に始めてみましょう。**

私自身は、プライベートの靴磨きのときは、主にラジオを聴いています。単純に娯楽として聴くときもありますが、最近は「情報収集」のために聴くことがほとんどです。考えてみると、ラジオを集中して聴ける「ながら作業」というのはなかなかない気がします。車の運転中などは適した環境かと思いますが、私の日常ではほかにすぐに思い浮かびません。

靴磨きは適度に手を動かしますし、慣れてしまえばそこまで考えることもない単純作業などで、「ながら作業」にはもってこいだと思います。

もちろん、一緒に聴くのは、You Tubeの動画でもテレビでもかまいません。討論番組やニュース番組などは、音声だけでも内容が理解できますので、たまに映像をチラ見しながら聴くのは効率的だと思います。

ほかにもお客様によっては、スケジュールを決めて英会話の勉強の時間にあてているという方がいますし、靴磨きがかなり慣れている方で、映画を2時間ほど観るあいだに5足の靴を磨いてしまうという人もいます。週末に、1~2週間で履き回した5足すべてを一気にきれいにしてしまう。趣味である映画も1本観てしまう。映画を観終わったときには、ピカピカの靴が並んでいる最高の休日だと、話してくれました。

靴磨きを一つの楽しみにして習慣化させるために、何かほかの楽しみを合わせるのはとてもいい方法だと思います。最初は、「ほかの楽しみ」がメインでもかまいません。ついでにブラシで磨いてみるといった感覚でもいいです。「靴磨き＋α」を楽しみ、時間を有効活用してみましょう。

PLUS
16
考える時間ができる。

「ながら作業」で靴磨きのほかにやりたいこともやれる、というのは前項で述べましたが、もちろん靴磨きだけに集中してやるのもおすすめします。

なぜなら、靴磨きだけやることで、**いろんなことを「考える時間」ができます。**

忙しい日々の中、ゆっくり集中して考える時間を作るというのは案外難しいものです。

しかし、自分を振り返ったり、反省したり、将来について考えたり、新しいアイデアを練ったり、シミュレーションしたりすることは、仕事やプライベートをスムースに進めていく上で必要なことだと思います。

「お風呂でいいアイデアが湧いた」「なぜかトイレで仕事の方向性が見えた」など、妙案がふと降りてくるといった経験をされた方もいるかと思います。

靴磨きを「思考の整理」の時間として意識的に作り出し、活用してみてはいかがでしょうか。

PLUS
17
運を引き寄せる。

路上での靴磨き時代、私は毎日いろんな自作のキャッチコピーを書いた看板を掲げていました。たとえば「お墓参りと靴磨きは定期的に！」「靴はあなたを映す鏡です」といった具合です。

あるとき、**「靴磨きで、あなたの運勢もアップ！」**というコピーを掲げていました。当時から、「靴をきれいにすれば人生が好転する」ということを信じていたので、それをわかりやすく「運」という言葉に置き換えてアピールしてみることにしたのです。

すると、40代と思しき初めてのお客様が「私、運勢を上げたいんですけど、磨いてくれませんか」と来られました。

男性は、「いやぁ、職場でも家庭でも、最近あんまりいいことがなくてね」と話します。

パッと見たところ、表情も元気がなく、お疲れのご様子。

「でも、とにかく、靴磨きをすれば絶対に前向きになって、きっと運勢も上がりますから！」

私は男性に少しでも元気になってほしくて、そういいながらしっかり磨きあげました。きれいになった靴を見た男性はうれしそうに少し足取り軽く帰っていかれました。

それから数カ月後のことです。再びこの男性が現れ、少し照れくさそうに、でもうれしそうな表情で、こう報告してくれました。

「僕のこと覚えていますか？　その節は、ありがとうございました。突然ですが、私、子どもができまして……」

私は困惑して「えっ、はい……。おめでとうございます。」と返すのが精一杯です。

「実は夫婦で5年間、不妊治療に取り組んでいたんです。なかなか授からなくて……。つらくてつらくて、もうやめてしまおうかと悩んでいたんです。けれどもあなたに靴を磨いてもらったおかげで、赤ちゃんがやってきてくれた気がするんです」

私はあっけにとられてしまって、「そ、そうですか……」と。

話の続きを聞くと、どうやら靴を磨いた日が、ちょうど赤ちゃんを授かった日だというのです。私は、それは驚きましたが、何より男性が喜んでいてとても穏やかな表情をされているのが本当にうれしかったです。

男性はそれからしばらく経って、あるデパートの靴磨きのイベントに出演していた私をわざわざ訪れ、お礼をいいに来てくださいました。奥様とお腹のお子さんと共に——。その瞬間の感動は今でもよく覚えています。

もちろん、私の靴磨きは単なる偶然かもしれません。あの日、男性が占いでいいことをいわれたり、髪を切ってテンションが上がったりしても、同じことが起こったかもしれません。けれどもこの男性の人生の中で、私の靴磨きが何かの「きっかけ」となったのなら、これほどうれしいことはありません。

男性は「あれから、仕事もうまく回り出したんですよ！」とも話していました。

ここでは「運を引き寄せる。」と書きましたが、これが正しい表現なのかは正直わかりません。しかし私は、**男性が靴磨きをきっかけに、ポジティブなスパイラルを自ら作り出されたような気がしてならないのです。**

第4章
靴磨きを習慣にして、靴を長く履くコツ

すべては、三大トラブルを遠ざけるため

ここまで、靴磨きが仕事やプライベートに大きく影響を与えてくれるものとして、その重要性について説明してきました。「そろそろ自分で磨いてみたい」、そんなモチベーションが高まってくれていたらうれしいです。

第4章では、靴磨きを「習慣化」させるため、そして長く靴を履くための具体的なアドバイスをお伝えしていきます。

靴の基本的な磨き方については、巻末付録の「はじめての靴磨き」をご覧ください。順序立てて、写真入りで説明しています。

さて皆さんは、靴に起こる三大トラブルをご存知でしょうか。

靴のケアを怠っていると、次の三つのトラブルが起こりやすくなります。

それは、**「カビ」「シミ」「クレーター」**です。

「カビ」を防ぐためには、まず保管する場所の通気性をよくすること。また、履いたあとの靴は「一晩そのまま乾かす」という習慣が大事です。

雨などで濡れていなくても、足からの汗で靴は湿気を帯びています。生えてしまったカビはブラシではらいます。そして靴の中に潜むカビは除菌ウェットシートなどで拭き取りましょう。

「シミ」を遠ざけるには、まずは過度の水濡れを避けることです。水濡れによって革の中の色素が動いて、ムラとなり、それがシミとなってしまうことがあります。

また水分だけではなく油分もシミの原因となるので要注意です。食べ物の油がついてしまうこともよくあるので気をつけてもらいたいです。

できてしまった「水性のシミ」は、湿らせた雑巾で水拭きをして、シミをゆるめてぼかしていきましょう。「油性のシミ」も考え方は同じです。クリーナーで強めに拭き取りシミをぼかします。

「クレーター」とは雨などで濡れた革が、その水分で膨らんでブツブツと持ちあがり、そのまま戻らずに乾いた状態を指します。いったんできたクレーターは、濡れ雑巾でふやかして、ペンなどの丸棒のなめらかな曲面で押さえるともとに戻ります。

このように、三大トラブルには対処法がきちんと存在します。

また、すべてのトラブルの原因として、雨や水濡れが大きく影響することがわかると思います。

いったんできてしまったカビやシミやクレーターも、手間をかければある程度まで解消します。けれどもひどい場合は、それは非常に難しいことも事実。プロの手を借りることになるかもしれませんし、それでも改善しないかもしれません。

そもそも、三大トラブルが起きないように、雨などで水に濡れたあとにきちんとケアする。定期的な靴磨きを「習慣化」する。のちのち「面倒くさい」事態に陥らないように、靴を管理していくことが望ましいのです。

水拭きか、ブラッシングを毎日行う

靴磨きが、まだ「習慣化」していないという人へ。

まず、「サッとひと拭き」を習慣化させてみましょう。


「面倒そうな仕事ほど、深く考えずにまずは着手してみよう」

「とにかくすぐにできる簡単な作業から始めよう」

こんな教えを見聞きしたことはありませんか。

「想像していたより、思いのほか順調に進んだ」「手間だと思っていたのに、意外と面白くてスイスイできた」

そんな結果が得られることも多いです。

筋トレについても同じことがよくいわれます。

「筋トレを毎日続けるには、とりあえず最初は、『1日1回』を目標にすればいい」

まず始めるために続けるために、ハードルを低く設定する。

これらは、靴磨きにも当てはまります。

一つは靴の「水拭き」です。

雑巾、もしくは不要になったタオルなどを用意します。それを水に浸けて固く絞り、「濡れ雑巾」をつくり、靴を磨く。

それだけでも、見た目は大きく変わります。

注意点は、雑巾の水をできるだけ切ること。過剰な水分は、革の劣化にもつながるので要注意です。

もう一つは「ブラッシング」です。

ブラシで靴のホコリをサッと取り除きましょう。普段のホコリ落としには馬毛ブラシが最適なので、1本用意しておくのが理想です。

自宅の玄関にブラシを置いておき、ホコリ落としが習慣になればいいですが、職場にブラシを常備しておくというのも一つの手です。

朝の始業前に、外出から戻ったあとに、ちょっとひと息入れるときに、細切れの時間に軽くブラッシングするのを心がけてみましょう。

家に帰ったらリラックスしてしまい、やる気が起きなくなってしまうという人は、仕事中のビジネスモードのまま、ササッと靴をブラッシングしてみてはどうでしょう。ブラシではなく、よりコンパクトに収納できるグローブ型（手袋のような形状になっている）の靴磨きのクロスでもかまいません。

要は「小さな習慣」からでかまいませんので、とにかく靴に意識を向けるようにすることが大切です。

「形から入る」ことでやる気を出す

第2章でも書きましたが、「始めてみる」という点ですと、**今すぐ「靴磨きキット」を買ってみることは「習慣化」に効果的です。**やはり靴磨きのやり方は、実際に道具を手にして磨きながら確かめていったほうがよくわかります。

しかも男性は総じて「形から入る」ことを好む傾向にあります。道具一式を手元に置いて、テンションを上げるのはいい手だと思います。

さらにテンションを上げて始めたいという方におすすめしたいのが、靴磨き用の作業着を買う、ということです。

靴磨きは、どうしても服が汚れる可能性があります。ですので、実際は汚れてもいい服に着替えたり、何かを羽織ったりして磨いてほしいのですが、もしお気に入りのカッコいいショップコートやエプロンがあったらやる気も俄然アップするはずです。

それに、自宅で靴磨きをするとき**いちばん楽な体勢は、椅子に座って太ももの上あたりで靴を磨くことです。**コートやエプロン（椅子に座ったときに太ももが余裕で隠れる丈の長さ。立ったときに、膝が隠れるくらいの長さが目安）があれば、その上で存分に磨くことができ理想的です。

何かを始めるとき、まず自分が好きなアイテムを揃えてしまうというのは習慣化するための近道です。道具や作業着、椅子などを探すのを楽しみながら、靴磨きにハマってもらえたらうれしいです。

磨きやすい環境を整える

靴磨きを「習慣化」するには、磨く環境を整えることも重要です。

お客様の話を聞いていると、比較的玄関で磨くという方が多いです。あとは、ベランダに面したリビングの方も多いですし（テレビや映画を観ながらするためなど）、また「ホコリが落ちる最初のブラッシングだけ玄関やベランダで済ませ、磨きあげる作業（シューシャイン）はじっくりリビングで」という方もいて、環境によってさまざまです。

ただいずれにせよ、先ほど楽な体勢は「椅子に座って太ももの上で磨くこと」と書いたように、靴磨き用の椅子があると非常に便利ですし、習慣化しやすいかと思います。

玄関やベランダで腰かけたり、しゃがみ込んだりして靴を磨く人がいます。これだと、どうしても前傾姿勢で猫背になってしまうので、あっという間に疲れてしまいます。**少しでも、「疲れるな」「いやだな」「面倒くさい」などと思わないためにも楽な体勢で磨**

くことを大切にしてほしいです。

ぜひ、ご自身のライフスタイルに合わせて、靴磨きの場を「心地いい環境」として成立させてください。

「月に一度」と気軽にとらえてみる

しっかりとした靴磨きの基本的なペースとは、どのようなものかお話しします（ここでいう「しっかりとした靴磨き」は、巻末の「はじめての靴磨き」の工程1〜10、すべてとします）。

わかりやすい目安として提案したいのは**「その月に履いた靴を、月に一度磨く」**というものです（ホコリを落とすなど、簡単なケアは、定期的に並行して行うとします）。

仮に1カ月の出勤日を21日前後とします。

靴は一度しっかりと磨けば、7〜8回（日）は履くことができます。

この数字から逆算すると、普段使いの靴は最低3足あればちょうどよいということになります。

もっともこれは「晴れの日用の靴」の話で、「雨の日用の靴」も別に2足用意できれば理想的です（165ページ参照）。

「そもそも、『晴れの日用の靴』が、3足もいるの？」

「1週間に一度、『しっかり磨く』から、お気に入りの靴を1足履けばいいのではないか」

「ちゃんと毎日、磨くようにすれば、1足で十分でしょう」

そんな声も聞こえてきそうです。

しかし、それぞれの靴を大切に長く履こうと思うのなら、「3足」は揃えてもらいたいです。

なぜなら、**1日靴を履いたら、2日は休ませたいからです。**

見た目ではほとんどわかりませんが、1日中履き続けた靴は汗で湿っていて、完全に乾くまでに2日ほどはかかるといわれています。

つまり、1日しか休ませていない靴を履くことは、乾ききっていない生乾きのワイシャツで出勤するのと同じこととともいえるのです。

乾ききらないままの靴を履いて、靴はまた湿り、また乾く前にすぐ履いて……というサイクルを繰り返していると、悪臭やカビが発生しやすくなります。

まずは「晴れの日用の靴」を3足用意して計画的に履き回すことで、靴の寿命が数倍に延びることは間違いありません。

そして「雨の日の靴」を、2足用意できれば完璧です。

それら5足を月に一度、しっかりと磨く。

「月に一度」と聞くと、そこまでハードルは高く感じないのではないでしょうか。

もちろん、最初からこの数を揃えることに抵抗があるという方もいるかと思います。

それでも「一度しっかり磨けば、7~8回は履くことができる」「一度履いたら、2日は乾燥させたい」など、靴の寿命を延ばすために必要な知識を知ってもらい、靴への意識をまずは変えてもらえたらと思います。

そして、「磨いて履き回して、また磨く」というサイクルを1カ月でも経験してもらえれば、それが本書で述べてきた「靴磨きの価値」を生み出してくれることがよくわかると思います。

プロの技に触れてみる

「これから靴を磨きたい」、また「たまに靴を磨くようになった」という人には、**一度プロの靴磨き職人に磨いてもらいたいです。**

もちろん、私たちのお店に来ていただくのは大歓迎ですし、プロとして活躍されているのなら、ほかのどのお店でもどの職人さんでもいいと思います。

まだ磨いたことのない人も、磨き方のコツが少しわかってきた人も、プロの技術に間近で触れてもらい、完成した光沢あふれる靴を見て、感動や衝撃を味わっていただきたいのです。

「こんなにきれいになるなんて……」と靴磨きへのモチベーションを上げてもらえたらと思います。

靴磨き職人の中で、私が尊敬しているのはホテルオークラ東京の井上源太郎さん（通称、源さん）です。

各界のトップクラスの方の靴を磨いてきた方で、誰もが認める日本最高峰の靴磨き職人。70歳を越えた今も、多くのお客様を魅力し続けられています。

これまで、佐藤栄作氏などの歴代首相、石原慎太郎氏、ジャイアント馬場氏など財界人、有名人を顧客に持ち、世界のスターがホテルに泊まると、マイケル・ジャクソンやビートルズ、フリオ・イグレシアスも源さんの靴磨きの腕に感動したという逸話が残っています。

あのオードリー・ヘップバーンには、磨き終わったあとに「靴ってこんなに輝くもの？」と驚愕の表情でたずねられたそうです。

私も20代の初めに、友人と一緒にホテルオークラ東京に行って磨いてもらったことがあります。靴磨きの技術はもちろんその接客の雰囲気も素敵で、源さんの記憶は鮮やかに残っています。

靴磨きを「生業」にしている方たちの技術や人柄は多種多様です。あとは自分の好みや感性に合いそうだなと思う職人さんを訪れてみるのがいいと思います。技を堪能して、靴がきれいになって、足取り軽く帰っていく経験をして、それが靴磨きの習慣につながってくれれば最高だと思います。

「靴磨き好き」を公言する

「靴磨きのやり方はわかったけれども、なかなか習慣化しない」

「毎日磨くことが、まだまだ億劫で……」

そう嘆く人には、一つ強制的な方法を試してみてはいかがでしょうか。

それは、周囲に「私は、靴磨き好き」と公言することです。

先日、スターバックスの社員向けの冊子の企画に呼んでいただきました。

内容は、靴磨きが趣味の社員の方と対談するというもの。靴磨き好きの男性が、「話してみたい」と私を指名してくださったのです。

これでこの男性が「靴磨き好き」だということは、全国の約3万人のスタッフの方々に知れ渡るのですから、その強制力はすごいです。

万一、靴が磨かれていない場合……。

「あれ？　靴磨きがお好きなんじゃなかったでしたっけ」

となるわけですから、彼は靴磨きを疎かにするわけにはいかないです。

その男性、あえてなのかはわからないですが、「片時も靴から気が抜けなくなる」という状況を自らつくり出されたのは、なかなか度胸があると思います（笑）。

ダイエットなどでも同じです。

SNSなどで宣言してしまい、やらざるを得ない状況にもっていくというのは、よくいわれる手法です。

その点靴磨きも、磨かれた靴の写真をSNSに投稿するのはいいと思います。いわゆる「SNS映え」もしますし、靴好きからの反応もあって磨きがいも出てきます。そして、適度なプレッシャーを自分にかけることで習慣化にまでもっていけるはずです。

ダイエットや英会話などと違い、靴磨きは会った瞬間、見られた瞬間にわかってしまう習慣なので、その効果は大きいと思います。

強制的な方法かもしれませんが、きっかけを作りたい方は、ぜひお試しください。

みんなで靴を磨いてみる

一人で靴磨きを習慣化できないのでしたら、みんなで靴磨きをすることで、習慣化してみてはいかがでしょうか。

一人の時間を楽しみながら黙々と行う靴磨きはもちろん魅力的ですが、見方を変えるとみんなで行う靴磨きにも、また違った喜びがあります。

お店のお客様にも、仲間と靴磨きを楽しまれている方がいます。

定期的にご来店くださる同じ企業にお勤めの30代のグループの方々は、毎回2～3名でお店を予約して訪れ、それぞれの靴が磨きあがるのを一緒に楽しんでいます。

靴や靴磨きについての話をスタッフを交え皆さんでお話しされ、その表情はいつも生き生きしていて、靴磨きの時間を楽しんでいる様子が伝わってきます。

それ以外にも、仕事やプライベートなどの何気ない話も自然にされていて、その絆の深さもわかります。

靴磨きが終われば、それぞれが磨きあがったきれいな靴を履いて、皆さんで一緒に食事などに出かけていく――。

素敵なコミュニケーションの一つだと思いますし、こんなイベントが定期的にあれば自然と仕事もプライベートも充実していくはずです。

このように「靴を大切にする」という価値観を共有できる仲間を見つけて、一緒に靴磨きの時間を過ごすようにすれば、それはおのずと靴磨きの習慣化につながります。

どんなことでもいえると思いますが、同じ価値観の者同士、時間を共有することは心地いいものです。そうなると多少の手間や面倒も気にならなくなり、それよりもその時間が与えてくれる幸せのほうが大きく勝ります。

ちなみに私たちのお店では、「出張靴磨き」も行っています。

基本8足以上からのご依頼で、お客様のご自宅に出張をさせてもらっているのですが、その際に「靴磨き仲間」が2〜3人お集まりになっていることがあります。

それぞれが数足ずつ代表者の自宅に靴を持ち寄り、我々を呼んでくださるという形です。

ときおり、こうした「靴磨き仲間」の集いに遭遇するとうれしい気持ちになりますし、靴磨きという仕事をしていてよかったなと改めて思います。

また最近は、セミナーなどで講師を務めることがあります。

「靴を大切にしてください」という話のあとに、靴磨きの実演をすることも多いのですが、「参加者の方が自発的に自分の靴を磨きはじめる……」という展開になることが珍しくありません。

すると、靴を磨くうちに、初対面にもかかわらず周りの人との会話が必ず盛りあがります。

「うまく磨けた！」「ちょっと見てください」「意外と楽しいですね」「なんか気持ちがいいですよね」「この私の靴はですね……」

ああでもない、こうでもないと自然に会話が弾んでいく様子を、講師として眺められるのはうれしいものです。

靴磨きの習慣化のために、定期的にこうした集いなどに参加するのも大いに効果があると思います。

靴磨きへのモチベーションを切らさないために、誰かの靴磨きを刺激にして自分の靴磨きへの意識を再確認することも一つの手だと思います。

［靴を長く履くためのQ＆A］

Q. 靴は、毎日どう履けばいいですか？

A. 靴の「磨き方」と同じくらい大切にしてほしいのが、靴の「履き方」です。

正しい履き方は、次の二点に集約されます。

「靴べらを使う」、そして「靴紐を毎回ほどく」。

この二つのポイントを守れば、靴の持ち具合は格段に違ってきます。

「靴べらを使う」ことでスムースに足を靴に出し入れできます。

また、かかと周りと履き口の型崩れも防げます。

靴べらなしで無理に履こうとすると、かかとに指を押し込んで履いたり、かかとを踏みつけたり、爪先をトントンとしたり、靴を傷める直接的な原因になってしまいます。

慣れないと手間なように思えるかもしれませんが、必ず毎回靴べらを利用してください。

理想をいえば、携帯用のミニ靴べらを持ち歩いてほしいです。

お客様の中にも訪問営業の機会やお座敷などでの会食が多い人は、ミニ靴べらを携帯されています。また「職場で靴を履き替える」という人もよく持ち歩いています。「靴べらを持ち歩く」ということは、自己管理ができている証拠でもあります。

そして、**靴を脱ぐときは「靴紐を毎回ほどく」こと。**これは基本のように思えますが、案外靴紐をゆるい状態にしておき、紐をほどくことなく「脱ぎ、履き」をしている人は多いです。

「ほどく、結ぶ」という行為が面倒くさいからだと思いますが、ほどかずに履くと、強引に靴に足を入れることになりますから、どうしても革を傷めることになります。

それに、紐のゆるい状態で靴を履いてもフィット感が得られず、靴も足もいためてしまう原因にもなります。

見た目的にも、履き口がブカブカとしてしまうので、せっかく良質な革靴を履いていたとしてもそれだけで台なしです。

靴紐を「ほどく、結ぶ」は慣れてしまえばたいした手間ではありませんので、必ず行うようにしてください。

Q. 雨用の革靴は必要ですか？

A. ここまでにも触れてきましたが、「雨の日用の靴」は2足必要です。まず、靴底はゴム製のもの（ゴム底）。表の革は、合成皮革などではなく本革を選びましょう。丈の長い靴であれば、さらに雨の日向きです。本革でも、雨がしみない革（防水革）であれば、立派な「雨の日用の靴」になってくれます。防水革には、次のようなものがあります。

防水加工が施されている革（塗装がかかっている革）
ガラス革（ウレタン樹脂などでコーティングされている革）
シボ革（プレスをかけている革）

もっとも、ゴム底の靴は防水革が使われていることが多いものです。購入の際には、念のため店員さんに確認してみてください。

ただ、どうしても2足買うことに抵抗がある人がいるかもしれません。

しかし、考えてみてください。雨の日というのは意外に多いものです。数日連続で雨が降ることもありますし、やはり、**2日連続で同じ靴を履くことは避けてもらいたいので、2足用意するのが望ましいです。**

「雨の日用の靴」を用意することは、「晴れの日用の靴」を長持ちさせることにつながります。革靴の最大の敵は雨をはじめとした「水分」という話をしたように、これらの対策とケアをしっかりすることで、あなたの大切な靴はより長く履けることになります。

さて、ここでは最後に、万が一「晴れの日用」の靴が急な雨などで濡れてしまったときの基本的なケアの手順を挙げておきます。ぜひ覚えておいてください。

①固く絞った濡れ雑巾などで表面を均一に濡らす。
（濡れたままだと表面にムラができるので）
②新聞紙で靴の中の水分を吸い取る。
（新聞紙は2〜3回、素早く替える。中に押し込んだままだとカビの原因になる）
③日陰で干す。
（扇風機などに当てながら干せれば、なおよい）
④完全に乾いたら、靴磨きをしてから履く。

Q. 履き終えた靴は、どうすればいいですか？

A. 153ページで書いたように、靴は1日履いたら2日間休ませてください。この2日間が「靴の休息時間」となります。

まず帰宅して靴を脱いだら、**靴箱（シューズクローク、靴棚）などに入れることはせず、そのまま玄関などに置いて乾燥させましょう。**風通しのよい場所なら、なお理想的です。

もし急な雨などで濡れてしまった靴は、丸めた新聞紙を中に入れて、水気を取ることを何より優先しましょう。泥や土の汚れも、目立つようならこのときに落としてください。

そして一晩靴を置いてしっかり乾燥させたら、翌朝、靴にシューツリーを入れます。

シューツリーを入れる意味は、形を整えるため、また履きじわやソールの反り返りを防ぐためです。

たとえば帰宅してスーツを脱いだら、その脱いだスーツをずっとそのままソファなどに置きっぱなしにしたりする人はいないと思います。スーツはハンガーにかけるはずです。そうしないとスーツはすぐにクシャクシャになり、しわがついてしまいます。

靴にシューツリーを入れることは特別なことではなく、スーツをハンガーにかけることとまったく同じなのです。

シューツリーの材質は無垢材がベストです。なぜなら靴の中に残った湿気を吸い取ってくれるからです。ですので安価なプラスチック素材のものはおすすめしません。

また形は、かかとの部分がしっかりフィットするようなもので前後がバネ状でつながっているものがベストです。

高価なほどよいというわけではありませんが、安価なシューツリーの場合、靴の型を崩してしまうケースもあります。**できれば、「シューツリーも靴代のうち」ととらえて、高品質なものを選んでください。**靴を買う際に、その靴専用のものがあれば必ず買ったほうがいいでしょう。

Q. 靴はどこに保管すればいいですか？

A. 大切な靴を長い期間保管しておく場合、いちばん気をつけなくてはならないのは「湿気」です。靴は湿気の多いジメジメしたところを嫌い、風通しのよいところを好みます。**靴にとってカビは大敵です。靴を保管する空間は、カビが生えない状態に常に保ちましょう。**すぐにできる対策は次の通りです。

靴箱に、除湿剤（乾燥剤）を入れて、定期的（半年に1回程度）に取り換える。
靴は袋や箱には極力入れないようにして、そのまま裸の状態で置いておく。
収納の都合上、箱に入れざるを得ない場合は、風が通るように箱に穴を開けておく。
（これは主に女性のロングブーツなどが当てはまります）

扉がある靴箱の場合、扉をときどき開けて風通しをよくすることを心がけてください。

「靴箱の扉を開けた瞬間にムッとする」という環境の場合は要注意です。

Q. そもそもどんな靴を買えばいいですか？

A. 数十年付き合える靴を育てるために、一つのわかりやすい目安として3万円以上のシューメーカーの靴をおすすめしたいということは第1章で書きました。

革の質は「基本的に価格に比例する」というのは説明したとおりです。

ここでは靴を買う際、価格以外の条件についても見ておきましょう。

私は靴を選ぶ際のポイントとして、次の三つを挙げます。

①材質は「本革」の一択のみ
②まずは「スムースレザー」から始める
③やはり「定番デザイン」を選ぶ

①材質は「本革」の一択のみ

合成皮革の靴のほうが、本革（天然皮革）より安価で入手できます。

また、汚れにくい（通気性が低く、水を吸わないため）というのはメリットといえるかもしれませんが、長い目で見ると、劣化も早く一生履き続けるのは難しいといわざるを得ません。

やはり、「10年以上の付き合い」を求めるなら、本革を買うべきです。正しくケアをすれば、値段の面でも結果的に「合成皮革よりコスパがよい」となるはずです。

慣れてくれば、本革かどうか見た目や感触でわかるようになりますが、最近は見分けがつきにくい合成皮革も増えています。

念のために本革かどうか、店員さんなどに確認することをおすすめします。

②まずは「スムースレザー」から始める

「スムースレザー」とは靴の革の表面にガラスやエナメルなどの加工が施されていない革のことです。

革本来の風合いが感じられる、「革靴らしい革靴」といえばすぐに想像できると思います。

本書で紹介しているようなシンプルな方法で手入れできるので、まず良質な革靴を持つならスムースレザーがおすすめです。

バリエーション豊かな革の愉しみは、上級者になるまでとっておきましょう。最初は基本的なスムースレザーで革の扱いに慣れていきましょう。

③やはり「定番デザイン」を選ぶ

洋服についても同じことがいえますが、トレンドの最先端のものほど次のシーズンには「なんか古く感じて着られない」「恥ずかしくて使えない」といった事態になりがちです。

もちろん「流行は短いスパンで移り変わるものだから、最旬のものを身に着けたい」という考えた方もあるでしょう。

でもそれでは、シーズンごとに新しい靴を買い続けなくてはなりません。良質な革靴を履こうとすれば、予算的な問題も出てきますし、何よりまだまだ履けるのにそれほど不経済なことはないでしょう。

一方、定番のデザインの靴なら流行などとは関係がないため10年、20年と履き続けることができます。やはり革靴もスーツもクラシックなものは不変です。

本書の扉写真や巻末の「はじめての靴磨き」にあるような内羽根式のキャップトゥと呼ばれるタイプが、ビジネスにもちょっとしたフォーマルな場にも対応できるスタンダードなタイプといえるでしょう。色も定番でどんなスーツや服装にも合わせやすい黒か濃い茶色から揃えるのが理想的です。

それに、定番のデザインでしたら、周囲に与える印象も悪いものにはなりません。個性を出そうと無理して、「新しいもの」「デザイン性の高いもの」を選んで微妙な印象を抱かせてしまったら、せっかくの良質な革靴がもったいないです。これが私服の話でしたらなんら問題ないと思いますが、ビジネスの場においては周囲へ与える印象についても考えるべきです。

初めは王道のものを揃えて、それを大切に履くことを楽しみましょう。

Q. どうすれば、靴選びを間違えないですか？

A. 靴選びの際いちばん大切なポイントは、**「自分の足のサイズに合った靴を選ぶ」**ということです。

誰もができていると思いがちですが意外にできていない人が多いので、忘れずに意識してもらいたいポイントです。

どれほど上質な素材、素敵なデザインの靴でも、自分の足にジャストフィットしていなければ、その価値はなくなってしまいます。それくらいサイズのことを真剣に考えてもらいたいと思います。

靴好きの方、靴への愛情が深い方でも、靴のサイズが微妙に合っていないケースはあります。

多いのは、「足よりも大きな靴」を履いているケースです。

「ちゃんとフィットしている」と自分で思い込んでいても、実は「靴が大きい」ことが珍しくありません。

たとえば「爪先が上を向いている（爪先が少し浮いている、上に反り返っている）」という状態は、「靴が大きい」証拠です。

お店で適切なフィッティングを受けていれば、こうした状態にはならないはずです。

最近はネットで革靴を買う人も増えていると思いますが、それも「靴が大きい」という人が多い原因の一つです。本来、革靴を試し履きしないで買うということは避けなければなりません。

当然メーカーによって、同じサイズでも、それぞれ微妙に大きさが異なります。前に購入した革靴と同じサイズを購入しても、それが必ずしもフィットするとは限りません。

また革靴を買い慣れてない人で、スニーカーなどいつも履いているサイズで買おうとする人がいますが、これも要注意です。

私の経験上、たとえば28センチのスニーカーを履いている人が、革靴を選ぶ場合は、26・5センチくらいになることが多い気がします（もちろん個人、靴によって差があります）。

革靴を買う際は、店員さんやシューフッターさんに、必ずサイズを確認、計測してもらうようにしましょう。

なぜか靴の大きさに関しては、「自分の感覚（サイズ）」が正しいと思い込んでいる方が多いかと思います。

「そんなに小さいはずがない」とか「いつもこのサイズだから」といった先入観は捨てて、プロの店員さんに身をゆだねることが間違いありません。

自分が思っているサイズをいうよりも、「今履いている靴が痛いか、そうでないか」「試着している靴がきつく感じるかどうか」「親指がきついか、かかとがきついか」など靴の感覚を正直に伝えることのほうが大事です。

試着は、もっとも足がむくんでいる時間帯である夕方以降に行えれば理想的です。靴に合わせる予定の靴下を履くか、お店に持参するようにしましょう。

シューメーカーの店舗に行けば、店員さんはプロ中のプロです。時間をかけてフィッティングをして納得のいく靴を選んでください。

自分の足にフィットした靴を履くと、革靴でも「スニーカー並み」の快適さが得られ疲れにくくなります。合わない靴は、靴ずれができたり、カラダがゆがんだり凝ったり、疲れやすくなりますので、「自分の足のサイズに合った靴を選ぶ」ということは強く意識してほしいと思います。

第5章

靴と深く付き合うことで、人生が豊かになる

革靴は、なぜ私たちを魅了するのか

革靴がほかのアイテムと突出して異なっているのは「育つ」という点です。

普通「もの」は時間が経つと共に経年劣化し、見た目の美しさや輝き、新鮮さが失われていき、自分の中でその「価値」が下がっていってしまうことが多いかと思います。

しかし革靴は長い期間「履いて磨く」を繰り返すことで、革が適度にやわらかくなり自分の足に自然になじんできます。革がずっとそのまま新品ということはありませんので、経年劣化はしていきますが、その代わり革製品の特徴ともいうべき、なんともいえない「味」が出てきます。そして、それが「個性」にもなります。

こんな「経年変化」で私たちを楽しませてくれるのは、革靴ならではの特徴です。

もちろん、革にはほかのアイテムもあります。

革の鞄、財布、ベルト、ジャケットなども、表情豊かに変化をしてくれます。

けれども基本的に今挙げたアイテムには、無色の栄養クリームを塗ってあげることしか「お手入れ」はできません。革靴のように黒や茶の乳化性クリームやワックスを塗ってしまうと、色移りしてしまうからです。

つまり色付きのクリームで、きれいにピカピカにすることができる唯一の革製品が靴ということになります。

革靴の日常的な汚れは、その都度の「靴磨き」でほとんど落とすことができ、さらにクリームやワックスを使うことで新品以上にピカピカの状態にすることができます。どんな靴も、磨けば輝いてくれる。そんな、期待に応えてくれる姿もまた愛おしいです。先ほど書いたように、これができるのが「革靴」だけなのです。

「革靴」が自分に合うものに育っていく。
革に味が出て、それが個性になる。
その革靴はいつでもピカピカになってくれる。
これが、革靴、また靴磨きが、人を魅了する大きな理由だと思います。

靴磨き中に、お客様と話していると、

「この革靴は足になじむまで2年かかったよ」

「やっと最近、革が足にフィットしてきたんだ」

「まだまだだけど、今は革を育てているところなんだ」

と「相棒」との苦労を「うれしそう」に語る人が多いです。

革靴は愛情を注げば注ぐほどしっかり応えてくれるアイテムなので、その分苦労して靴を自分のものにしていく楽しさは格別なものです。

ちゃんとフィッティングをして自分の足に合ったものを履いていても、革という特性ゆえ、どうしても最初は足の一部分に痛みがあったり、靴ずれができたりと一筋縄でいかないこともあります。

そんな手がかかるアイテムが、やっと自分になじむように育ってきた、そんな瞬間を味わえることがうれしいのです。

新社会人こそ革靴にこだわってほしい

本書の読者の中には、新社会人もしくは20代のビジネスパーソンの方もいるかと思います。

前にも書きましたが、靴の重要性を知ること、靴を大切に扱うことは、早いに越したことはありません。

もし本書を読んで、社会に出るのをきっかけに靴にこだわりを持ちたい、靴磨きを始めてみたいから靴を新調したいと思ってくれたのなら、ここで紹介する靴でもいいですし、自分で探してもいいので、良質な革靴を買ってもらいたいです。何に価値を置くかはその人次第ですが、靴に重きを置くスタイルを一度試してもらいたいです。

第4章で、「そもそもどんな靴を買えばいいですか?」という問いに答える形で靴の選び方については説明しましたが、具体的な靴のブランドを挙げるのなら、「スコッチグレイン」（日本製）や「ジャランスリウァヤ」（インドネシア製）といったメーカーがおすすめです。

聞いたことがないという人もいるかと思いますが、いずれもファッションブランドではなく、専門的なシューメーカーです。

どちらもハンドメイドで品質が素晴らしいので、店舗でフィッティングしてもらい自分の足に合う靴を選ぶことができれば、必ずいい革靴と出会うことができると思います。もちろんこの二つでなければならないというわけではなく、ポイントはシューメーカーというところです。

せっかく買うなら「3万円以上」の靴を検討してもらいたいということは説明しました。いい買い物をしようとすると、有名なファッションブランドの靴を選びたくなる気持ちもわかりますが、**革靴に関しては、専門ブランドでとにかく質にこだわった買い物をしてもらいたいです。**

ちなみに、「3万円以上」の靴をすすめたい理由として、基本的に値段に比例して

「革の質」は上がっていくということを挙げましたが、そのほかにも靴の製法にコスト(手間暇)をかけられているということもポイントです。**「修理をする前提」の製法で作られているので、パーツの交換などをしながら長く履くことができます。**

革の質といい、作りの質といい、値段相応の心地よさや品質を与えてくれます。

新社会人の方にとって、また20代の若いビジネスパーソンの方にとって、「靴に３万円」というのは高い買い物になるかもしれません。

スーツ、シャツ、鞄、時計とビジネスアイテムとして揃えなくてはならないものはたくさんあります。その中で「革靴」の優先順位を上げるというのは勇気がいることかもしれません。

それでも、若いときから足元を意識することでほかの人とは違った強みを得られるようになるというのは、ここまで説明してきたとおりです。

一度、スコッチグレインやジャランスリウァヤなどの店舗や売り場に足を運びその心地よさを味わってもらい、購入を検討してほしいです。

高いと思う2倍の値段の靴を買う

読者の方には、先ほど書いた新社会人や20代の方のほかに、30代、40代以上の方も多いかと思います。

中にはある程度靴磨きの知識があって、革靴に詳しい方もいるはずです。「3万円以上」の良質な革靴を履いていてケアも定期的にしている。

こうした方々には、次なるステップに進んでいただきたいです。

さて、ここで質問です。

最高級といわれる革靴の値段はいくらでしょうか。

最高品質の革靴を届けるブランドはいくつかありますが、たとえば、英国ブランドの「ジョン ロブ」「エドワード グリーン」「チャーチ」といったところだと、10〜20万円ぐらいと考えていいでしょう（中には20万円以上の靴もあります）。

この価格帯の革の質は前に説明したとおり、「1頭の子牛から1足分ないし数足分しか確保しない」といったレベルのものです。

一度、履いてみればわかりますが（試着でもかまいません！）、足を包み込む革の滑らかな感触がまったく違います。また、軽いけど頑丈。歩きやすく一歩一歩が軽やかになります。

靴磨き職人として日々革靴と接していて、革靴を愛する私としては、やはりお客様や読者の方には、少しでも良質な革靴を履いてほしいと思います。

しかし、予算的なハードルがあるのは承知しています。

靴だけでなく、どんなものでもサービスでも、「良質さ」を得ようとすれば相応の対価が必要になります。

そこで提案したいのが、次の「基準」です。

革靴が好きで、こだわりを持ちたい方にとって、それぞれ「革靴の値段としてはちょっと高いな」と思うラインがあるはずです（もしくは今履いている靴の値段）。

もし、これまで革靴にこだわりがなかった人にしてみれば、1～2万円でも高いと思うでしょう。

良質な革靴を揃えはじめた人ならば、「3万円までは出せる」「頑張って5万円までなら買う」というように、それぞれでしょう。

革靴愛好家の上級者となれば、「一生履けるので、10万円は決して高くない」という人もいるかもしれません。


このラインは、価値観、収入、環境などによって、さまざまだということがわかります。


そして、ここで私が提案したいのは、**それぞれが挙げた価格の2倍の革靴を購入してほしいということです。**

「1〜2万円でも高い」と思う人は、「3万円以上」のもの。

「3万円」が高ければ「6万円」、「5万円」だと思うなら「10万円」。

「10万円が惜しくない」という人は「20万円程度」を目安に。

おそらくその金額は、靴の価値がわかっている方ならばきっと「頑張れば出せる」金額ではないでしょうか。

金額が高いのには、高いなりの理由があり革も製法も良質なものになります。

何より、靴を履いているときの「緊張感」が違います。

値段だけの問題ではなく、良質の靴を履いている、足元が整っている、といった背筋がピシッと伸びるよう感覚を抱きます。

あとはやはり、自分にとってこれだけの買い物をしたら、「長い間、大切にしよう」と思うはずです。それができるのが革靴のいいところでもあります。

そして真剣に靴磨きを始める、いいきっかけにもなるはずです。

革靴を新調したいと思っているなら、ぜひこの選び方を参考にしてください。

ワンランク上の心地よさを体感して、一生付き合える靴に育てていってほしいです。

靴は履かれて育つもの

面白いことに、まったく同じメーカーのまったく同じ種類の靴でも、オーナー、つまり「履く人」によって、靴の一生が幸せなものになるか、そうでないものになるか、はっきりと表れます。


私は日々、お店でさまざまな靴と対面します。

ときには偶然、同じ靴メーカーの、同じくらい履かれた年数の靴が、同時に私のもとへやってくることがあります。

片方は汚れて革が疲弊しているのに（きっと日常的なケアを怠っているのでしょう）、もう片方は革の味が出ていて、いい感じに「年齢を重ねて」います。

あえて比べるつもりでは見ていないのですが、ひと目見ただけで明らかな差があることがわかり、「なぜここまで差が出てしまうのだろう」と、ついつい考えてしまうこともあります。

靴はオーナーを選ぶことはできないので、やはり日々のメンテナンスやケアの方法を、私たちのような靴磨き職人ができるだけ多くの人に広めていきたいと強く思うのです。

また反対に、次のようなケースにも遭遇します。

「大切にされすぎて、ほとんど履かれていない靴」「ほんのわずかなキズで、リペアに送り込まれてくる靴」など、過保護に扱われすぎている靴です。

これは一見、靴を大切に扱っているように思われるのですが、私は本当の靴の幸せではないような気がします。

もちろん、持ち主にとってその靴に特別な思い入れがあったりして、「大事に大事に」扱っているのでしょう。だからこそ、「かすかな『履きじわ』が気になる」「ちょっとのキズや汚れが気になる」など、新品状態からの少しの「劣化」も許さないというスタンスのお客様がいます。

しかし、そもそも靴とは「履くもの」であり、地面に接するものであり、足を保護してくれるもので、しわもつきますし必ず汚れます。

確かに、靴を履くということは予期せぬことの連続です。

突然雨が降ってきて、お気に入りの靴が一瞬で濡れてしまうかもしれない。

お店や電車の中で、うっかりぶつけてキズつけてしまうかもしれない。

運悪く、雑踏で通行人に踏まれてしまうかもしれない。

だからこそ日々のケアが重要で、「靴磨き」という気遣いが必要なのです。

靴は汚れていいのです。キズがついてもいいのです。日常的な汚れやキズなら「靴磨き」をすることで、年月を重ねることで、それが「味」になります。

小さすぎる変化を「劣化」と誤解して、「使わないことがいい」と思い込んでいる人は靴の役割を改めて考えてほしいです。


靴を履くということは、あくまで手段に過ぎない、ととらえてください。

つまり、「靴が常に100点満点」である必要はありません。

そこを目的にすると、「新品の靴がもっともよい」という考え方にもなってしまい、靴との付き合い方が苦しくなってしまいます。


靴は履いて使ってこそ価値が出るもの。

そして、その変化を察してケアし磨くことで、育っていくものです。

靴は飾っておくために、作られたわけではありません。

「高価だったから」「レアな製品だから」「お気に入りだから」

こんな理由で過保護に扱ったり、しまい込んだりしておくのはやめましょう。

いちばん理想的な靴は、「しっかり履き込んでいるのに、革にツヤがあり清潔感がある」という状態です。

そんな靴を目にすると、オーナー様も靴も幸せなんだなと心が温かくなります。

革靴の「最高級」を体感してほしい

靴は誰もが深く知ることができるアイテムの一つだと思います。

その理由は単純で、**ほかのアイテムに比べ値段の面で、最高級のものを手に入れやすいからです。**

先ほど、最高級の革靴は20万円程度という話をしました。おそらくシンプルなデザインの革靴ならこのくらいの値段が目安になるかと思います。

「20万円で最高級を体験できる」

これが高いか否かは、それぞれの価値観によるところですが、私は決して高いとは思いません。

それは、たとえば時計だったら、アクセサリーだったら、スーツだったらと考えたら、最高級品には手が届かないかもしれないからです。

もちろん、「最高級のものがすべて」という考え方ではないのですが、そのアイテムの最高の品質を体験することで得られる感動や驚き、心地よさは必ずあります。

それが比較的、手に入りやすいところにあるというのが革靴です。

腕時計で、世にいう最高級のものを買うとしたら何百万~何千万円。アクセサリーもスーツも、上を見たら何十万~何百万円となるでしょう。

その点、革靴は最高級で「20万円」。

比較としてわかりやすく挙げるなら、車やバイクが趣味の人はこの金額はすぐに使ってしまうでしょうし、海外旅行を楽しめばなくなってしまう金額でもあります。

こうして考えると、一度革靴に思い切ってお金をかけてみてもいいのではないかと思うのです。

そして、繰り返しになりますが、**最高級の靴でしたら、定期的にしっかり靴磨きを行えば20年は履けます。**もし30代で買えれば、バリバリ仕事をこなす期間を共に歩むことができます。40代で買われたら、定年近くまで履けるということになります。これはビジネスパーソンにとって、一生ものの買い物となるわけです。

「相棒」として最高級の靴を携えて仕事に励む。

靴を深く知ることで、よりいっそう足元を大切にして気遣うようになる。

そんなビジネスライフを送ることができれば、人生はきっといい方向に動き出すはずです。

靴磨きを「共有」してほしい

私たちのお店では、ご予約いただければカウンターで対面して、その場で靴を磨かせていただきます（基本的に、お一人様、１日に1足だけになります）。

どのように靴を仕上げてほしいか、どのくらい光らせてほしいか、普段どのように履かれているかなどお話をさせていただきながら、約1時間弱、作業をさせていただきます。

この場合の、私たちの最低限の仕事は「お客様のご要望どおり、靴をきれいに磨きあげること」です。

しかし、すでに靴磨きが習慣になりつつあるお客様にとっては、お店まで足を運んでくださる理由がほかにもあります。

それは「靴（磨き）について、思う存分話をしたい」ということです。

むしろ、それが目的で来られるお客様も多いかと思います。

そして、私たちも靴磨きのプロフェッショナルとして、こうした期待に応えていかなければならないと思っています。

でなければ、対面式のカウンタースタイルで靴を磨かせていただく意味がないと思うからです。

「靴磨き職人」という名の「職人」のイメージからか、必要最低限のことしか喋らず黙々と作業をするというふうに思っている方も多いかと思います。実際に確かな腕を持ったそういった靴磨き職人の方もいます。

しかし、私は違います。

お客様のご要望に合わさせていただきますが、靴磨きに必要なコミュニケーションをとりながら作業をします（もちろん、黙々と作業をしてほしいというご要望なら、そうさせてもらいます）。

店舗まで来てくださる多くのお客様は、少なからず靴磨きに興味を持っている方ですので、自分からいろいろとお話ししてくれるケースも多いです。

「靴磨きを始めたばかりなんですけど、一度プロの技を体験したくて」

「うまく光らせることができないので、やり方を見たくて来ました」

「日頃から磨いているんですが、僕の磨き方はどうでしょうか」

といったように、この「靴磨き」の場でしか聞けないことを積極的に話してくださいます。

そして、私はお客様それぞれが望んでいることを理解し、適切な距離でのコミュニケーションを心がけるようにしています。

中には、初めて来られて少し緊張気味の方もいますが、そんなときは最初は私から他愛もないことをお話しして緊張を解いてもらい、靴磨きのカウンセリングに移るようにします。そうすると、ご要望をスムーズにうかがうことができるのです。

いずれにせよ、私たちが提供する空間が「靴磨き好き」の方にとって、気になることや悩みなどをしっかり発散できる場になればと思っています。

靴磨きの習慣は広がりを見せていますが、まだまだメジャーな習慣、趣味とはいえません。

そうなると、靴磨きに深くハマっていても、会社の同僚や友人に話す人がいなかったり、家族に理解してもらえなかったりと、靴磨きの楽しみを共有できずにいる人は、案外いるものです。


靴磨きが終わり、自分の大切にしている靴がきれいに光沢をまとっているのを見てうれしい気持ちになる。

話したかった靴や靴磨きについてたくさん話せてすっきりとした気持ちになる。

靴もピカピカ、心も晴れやか。

お客様が、そんな清清しい表情で満足されて帰っていくのを見ると、こちらの気分までよくなります。


ご自身で、靴磨きを習慣化して、靴や靴磨きへのこだわりを深めていくのは素晴らしいことです。そういった方には、**その「深さ」を共有できる人や場所を見つけてもらえたらなおいいと思います。**

こうした心地いい経験をされることで、よりいっそう自分にとっての靴磨きの価値が上がっていくはずです。

革靴を受け継いでいく

良質な靴は大切にケアし続けることで、10年、20年と長持ちします。

こんなに長く活躍できるとなると、場合によっては、1人目のオーナーだけではなく、2人目のオーナーの人生にも伴走することがあります。

お店の常連客のお客様で50代のAさんという男性がいます。

私はAさんの靴を、もう10年以上も磨かせていただいています。

彼は靴磨きの「上級者」でもあり、かなりの革靴好きです。

革靴を選ぶ目も肥えていて、ある時期から既製靴だけではなくオーダー靴も愛用しています。

しかし、どうしても靴が増えていってしまうのが悩みとのこと。ご自宅の収納場所も限られているので、あまり履かなくなってしまった靴の扱いをどうしようかと困っていました。靴が好きになると、同じような悩みを持つ人は多いです。

そんなある日、Aさんにこういわれました。

「よかったら、僕の靴をもらってくれないか」

突然のことで驚きましたが、Aさんの靴を眠らせておきたくないという気持ちはこれまでのお話から伝わっていましたし、私自身、ぜひとも履かせていただきたいと思うような素敵な靴でした。

そして、何よりAさんが私にそんなありがたい言葉をかけてくださった気持ちがうれしくて、素直に履かせてもらっています

それからというもの、今までにAさんから数足の靴を譲り受け、私は「二代目オーナー」となっています（偶然にも、私とAさんのサイズはほとんど同じでした）。

まさか、自分が長年磨き続けてきた、見続けてきた靴を、時を経て自分が履くなんて

思ってみませんでした。おかげさまで、しっかりメンテナンスをさせてもらっていたので、正直、状態もすごくいいです。

自分で買った靴以上に、大切に履かせてもらっています。

もっとも、こうした例は決して特殊ではありません。

お客様には「長年愛用していた革靴を○○に譲った」「△△さんから、革靴を引き継いだ」という話はよく聞きます。

常連のお客様に、ある俳優の方がいます。

その俳優さんは、ご子息が外国に留学される際に、ご自身が若い頃に履かれていた革靴を譲りたいとのことで、その靴磨きを私にご依頼くださいました。

数十年前の英国製のクラシックな紳士靴でしたが、修理やメンテナンスをしっかりされていて、今でも十分履けるきれいな革靴でした。

このように、数十年履けるような良質な靴を買う際、誰かに受け継ぐのを前提として

選ぶのも、とても素敵なことだと思います。

こうした気持ちであれば、デザインはベーシックないつまでも履けるものを選びますし、買ったあとも「受け継ぐ」ことが念頭にあるため、きちんと手入れをします。靴磨きのみならず履き方や歩き方にまで気を配ります。

そのような扱われ方をした革靴が、数年で履けなくなる、悪くなるなんてことはまずないでしょう。

「引き継げるアイテム」としては、よく腕時計が挙げられます。そして腕時計は大切に保管する、メンテナンスを怠らないということが主になるかと思いますが、靴は自分で「育てる」ことができます。

つまり、靴とは大切に育てたものを引き継ぐことができる、貴重な存在だといえます。

靴は、手入れ次第で「あなた」自身を越えていきます。

次世代に引き継がれたり、あなたの大切な人のもとに渡って、「第二の人生」を送る可能性も秘めています。

そんなことを考えながら、革靴と接していく日々は楽しく幸せな時間だと思います。

あとがきに代えて

今回、本書を書くにあたり、実は当初大きな抵抗がありました。

というのも、自分のようなまだまだ未熟な若輩者が、ビジネスパーソンの方々に向けて自己啓発本を書くのはどうなのだろうと思ったからです。

とはいえ、「だったら、いつになったら書くにふさわしい人間になれるのだろうか」と考えたときに、常に走り続け現状に満足しない性格の自分は、きっとそんな心境にはずっとならないだろうと思い、「偉そうに何か教えるのではなく、学ばせていただいてきたことを伝えよう！」と考え方を変えて、今の私だからこそ書ける本を作りました。

本書の中で、靴磨きをすることで自分に起こる変化、人生の変化について、たくさん挙げていますが、そもそも私自身も靴磨きと出会って、人生が大きく変わりました――。

私は6歳のときに両親が離婚し、母子家庭で育ちました。小学校高学年までおしっこもらしで勉強も全然手につかず、忘れ物もクラスでいちばん多いかなり自由奔放な小学生でした。

中学生のときもテレビゲームと釣りばっかりしていて気ままに過ごしてきました。小さい頃から親に「18歳になったら家を出て、独り立ちしなさい」といわれてきたので中学3年生になって、「そろそろ本気で勉強しないとまずい」状況になり焦って勉強し、なんとか志望校に入りました。高校卒業後は地元の製鉄所で三交代勤務。建設機械の免許を取得しショベルカーを運転する毎日。

仕事は楽しかったのですが、周りの大人が愚痴や文句ばかりで面白くなく、「なんでこんなに後ろ向きの人が多いのだろう」となんともいえない不満が募っていました。

そんなとき、製鉄所で仕事を一緒にした違う会社の人が、休憩中に英語の勉強をしているのを見て不思議に思い話しかけたら……、その人はもともとワーキングホリデーで海外に行っていて、今は通信で大学に通い、将来は貿易会社を作りたいと語ってくれました。

まだ18歳の私はその話に衝撃を受け、小さい頃からぼんやり思っていた「海外で生活してみたい」という夢を叶えられる！　と思い、仕事が終わってそのまま近くの英会話学校へ入校。「僕も海外へ行こう！」と英語漬けの毎日を過ごしていました。

そして、ある日たまたま開いた新聞の求人チラシに「英語を学びながら働ける！」という英会話学校のフルコミッションセールスの募集を見て「これだ！」と即転職。自分の成績次第で収入が決まる完全歩合制の世界へ足を踏み入れ、そこで日々お客様を探してプレゼンテーションをする日々。休みなく働く中で、営業活動の前に行うデスクでの靴磨きが、出陣前の精神統一の時間でした。

しかし20歳のとき、働きすぎがたたって体調を崩し、英会話学校を退職することにしました。次の職探し中に手持ちのお金もなくなってきてしまい、何かすぐに仕事をしなければと考えて始めたのが路上での靴磨きでした。


ここからは、本書で書いたとおり新たな人生が始まりました。田舎者の高卒男子が表参道で靴磨き店を開き、靴磨きの仕事で海外へも行くようになるなんて誰が想像したでしょうか。私自身も親も友人も誰も想像できなかったと思います。何もなかった自分が靴磨きと出会ってたくさんの夢をかなえられたのです。それもこれも多くの方の靴を磨かせていただき、人生の磨き方を学ばせていただいたおかげです。

この本を読んで、足元が変わり、習慣が変わり、自分が変わり、そして人生が変わることを楽しんで実感していただけたら本当にうれしいです。昔から「世界の足元に革命を」といい続けていますが、本気で足元から世界は変わる、変えられると信じています。

最後に、この本を出版するにあたり特にお世話になったポプラ社の村上さん、また制作に携わった皆様、本当にありがとうございます。

そしていつも支えてくれている店の皆、家族、友人、多くのお客様。本当にいつもありがとうございます。この場を借りて改めて感謝を申しあげたいと思います。この本を作るにあたり今の自分があるのは周りの皆さんのおかげだと再認識した1冊でもあります。まだまだ挑戦は続きますが、引き続きどうぞよろしくお願いします。

２０１７年10月

長谷川裕也

引用元／参考文献

プレジデント社『成功はゴミ箱の中に　レイ・クロック自伝』
レイ・A・クロック、ロバート・アンダーソン著／野崎稚恵訳

リーガルコーポレーション ホームページ
「靴のスタイルとデザインを知る！」
www.regal.co.jp/kutsu/style

自分が変わる
靴磨きの習慣
自己管理能力が最速で身につく

2017年11月10日　第1刷発行

著者　長谷川裕也

発行者　長谷川 均
編集　村上峻亮
発行所　株式会社ポプラ社
〒160-8565
東京都新宿区大京町22-1
電話　03-3357-2212（営業）
　　　03-3357-2305（編集）
振替　00140-3-149271
一般書出版局ホームページ
www.webasta.jp

印刷・製本　大日本印刷株式会社

N.D.C. 159/207P/19cm　ISBN978-4-591-15576-9

STAFF
デザイン
桑山慧人
（prigraphics）
写真
吉次史成
編集協力
山守麻衣
校正
東京出版サービスセンター
DTP
アレックス
撮影協力
AWABEES

Brift H

MENU （金額は税抜、2017年10月現在）

◘ The BRIFT（靴磨きコース）

（仕上がり時期）	当日・翌日	3日目以降	1週間以降
パンプス	2,700円	2,200円	2,000円
シューズ	4,000円	3,300円	2,900円
ロングブーツ	5,000円	4,000円	3,500円

※店舗カウンターでの靴磨きは予約制です。
靴磨き職人を指名することもできます（指名料あり）。
その他、オプションなどはお問い合わせください。

◘ キズ・ひび割れ補修
お問い合わせください。

※キズ、ひび割れの深さ、大きさや革質、
色などによって仕上がり具合、料金が異なります。

◘ 靴の内側の補修

パッチ1カ所　1,000円

◘ 靴底の修理

つま先　2,500円〜
かかと　3,500円〜
ハーフソール　4,500円〜
オールソール　12,000円〜

◘ 革の染め変え

シューズ　15,000円〜

……and more

その他、お気軽にお問い合わせください。
Brift H ホームページ（http://brift-h.com/menu/）にも詳細がありますので、ご確認ください。

ホームページアドレス　**http://brift-h.com/**

STORE

◘ Brift H AOYAMA

〒107-0062
東京都港区南青山6-3-11 PAN南青山204
TEL&FAX　03-3797-0373
MAIL　info@brift-h.com
営業時間　12:00〜20:00
定休日　火曜日

東京メトロ銀座線・千代田線・半蔵門線、表参道駅より徒歩10分ほど。表参道駅B1出口を直進すると骨董通りの入口です。骨董通りを7、8分直進し、交差点を渡ると左手にある「PAN南青山」というビルの右奥の階段を昇った2階です。

◘ THE BAR by Brift H

〒107-0062
東京都港区南青山5-10-5
第1九曜ビル101（BLOOM & BRANCH内にて営業）
TEL&FAX　03-6892-2014
営業時間　12:00〜20:00
定休日　月曜日

◘ THE LOUNGE by Brift H

〒060-0062
札幌市中央区南2条西5丁目31
TERRACE2-5 1F（MaW内にて営業）
TEL&FAX　011-271-0505
営業時間　12:00〜20:00

靴を気遣うほど、靴はそれに応え、
深く長い付き合いが続いていく——

巻末付録

はじめての靴磨き

覚えておきたい10の基本

10、20年、お気に入りの1足と共に歩むために――。
汚れを取り、革に栄養を与え、丁寧に磨きあげツヤを出す。
靴と真摯に向き合うことで、あなたの「相棒」は育っていく。

靴磨きの準備

1　なぜ靴磨きが必要か？

◘ 靴は履いているうちに、革から水分や油分が抜け、乾燥が進んでいく。

➡ 乾燥はひび割れ、劣化の原因となるため、水分と油分を補うのが靴磨きの役割。

◘ 靴磨きは二つの工程にわけられる

①「**シューケア**」➡ 革をよりよく保ち、長持ちさせるため（付録4ページ〜、**1** 〜 **6**の工程）
②「**シューシャイン**」➡ 靴を保護して外観をよく見せるため（付録10ページ〜、**7** 〜 **10**の工程）

POINT

新品の靴の場合は、履く前に一度磨いておけば革がやわらかくなり、その後のしわの入り方や履きなじみなどが変わってくる。

2　磨く前の心構え

◘ 道具を用意しよう！

「シューケア」➡「シューシャイン」まで行うことを考えると、次ページの道具は揃えておきたいところ。市販されている靴磨きキットを購入してもいいし、まずはブラシとクリーナーを購入して、汚れを落とすところから始めてみてもかまわない。とにかく、靴と向き合うことから始めよう。

◘ 汚れてもいい場所と格好で

玄関やベランダなどで行う場合、ホコリが舞ったり、床や壁にクリーム類がついてしまったりすることもあるので気をつけること。新聞紙を広げるのでもいいが、靴磨き用の天板や布などを用意すれば雰囲気もグッとアップ。あとは服が汚れることがあるので、エプロンや羽織ものなどで工夫をしたい。自分のテンションが下がらない環境を整えられればよし。

3 知っておきたい靴のパーツ名

①アッパー
靴の甲部分。靴底以外の上部の大部分。

②ヒール（かかと）
体重を支えるかかとの位置につけられた台上の部分。牛革やゴムなどで構成される。磨り減ったら張り替えなどが必要。

③羽根
紐が取り付けられる箇所。「内羽根式」(右写真)と「外羽根式」がある。本文83ページに詳細。

④タン
別名ベロ。羽根の下に取り付けられた補強パーツ。ホコリや砂などが靴の中に入るのを防ぐ役目もある。

⑤コバ
ソールの縁（出っ張っている）部分。本体を縫い付ける部分でもある。

⑥トゥ（爪先）
靴の先端部分。形状、装飾などさまざまあり、靴の個性を決める部分でもある。

⑦ソール
靴底のことを指す。足の裏が直接触れる「インソール」、床面に接する「アウトソール」がある（その中間の「ミッドソール」がある場合も)。

⑧ライニング
靴の内部に取り付けられている裏地。

4 揃えておきたい靴磨き道具

シューツリー

クリーナー

馬毛ブラシ

豚毛ブラシ

油性ワックス

乳化性クリーム

毛足の短い布

ネル生地の布

1. まずは、紐やバックルを外す。

細かい箇所までしっかりと磨けるように、紐やバックルを外す(写真のような内羽根式の靴は、爪先にいちばん近い最後の紐は外さないで、靴の内側に入れておくようにする)。靴の中を軽く水拭きや除菌ウェットシートなどで拭くなどしたらシューツリー(シューキーパー)を入れる。

POINT

シューツリーを入れる

型崩れを防ぎ、型を保ってくるので磨きやすくなる。必ず入れよう。

2. ブラシでホコリを落とす。

毛のしなやかな馬毛ブラシで、隅々のホコリをかき出すように全体をブラッシング。毛足の長いブラシが好ましい。ホコリがついたまま次の工程に進むと、ホコリが革の中に入り込んでしまうので、しっかりかき出そう。

POINT

細部まで念入りにブラッシング

ホコリが溜まりやすい、羽根の内側、土踏まずの周辺も忘れずに。

3. クリーナーで汚れを落とす。

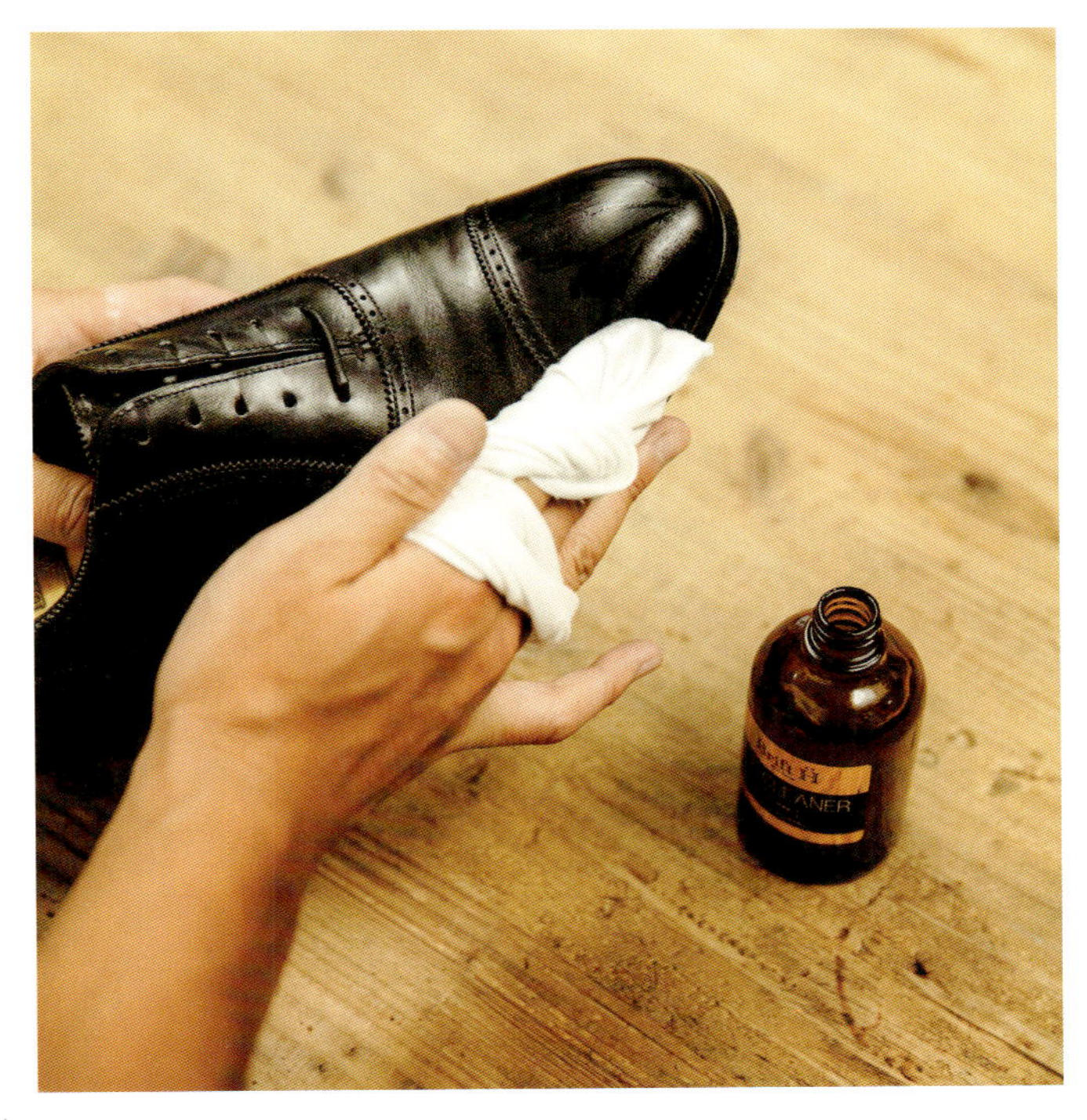

靴の汚れ、残っている古いクリーム、ワックスなどを、指に巻いた布を使いクリーナーで拭いていく。革にツヤがなくなれば完了。

古いシャツなど、毛足の短い布を用意（幅7センチ、長さ60センチ程度）。①利き手（写真は右）の人差し指と中指に布をかけ下側を逆の手でつまむ。②布をかけた手を手前に返し布を絞る。③手の甲のほうに絞った布を持ってくる。④余った部分を指に巻きつけて完成。

POINT

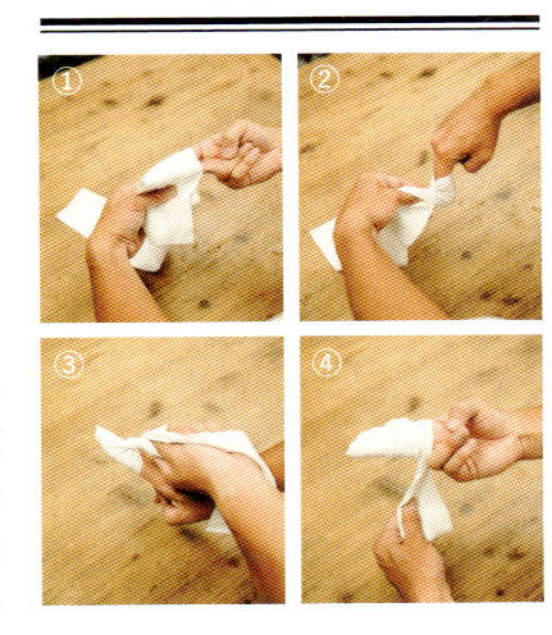

指に布を巻く方法

4. クリームを塗り、革に栄養を与える。

乳化性クリーム（靴と同じ色）で革に栄養を与え、やわらかくする。少量を指に取り、指で少し力を入れながら塗っていく（とくに甲の履きじわやキズの部分は念入りに）。素手だと温めながら塗り込むことができ革に浸透しやすくなる。

POINT

豚毛ブラシを使ってもOK！

指が汚れないように、クリーム用の小さな豚毛ブラシを使う場合も。

5. クリームを浸透させる。

4.で塗った乳化性クリームを、硬さのある豚毛ブラシでしっかりなじませる。全体を力強く素早くブラッシングしていく。履きじわやコバのすき間を念入りに行うのがポイント。

POINT

履きじわにはしっかり塗り込む

しわに沿ってブラッシングを行い、よりしっとりさせていこう。

6. 余分なクリームを拭き取る。

3.と同じ種類の布を使い（巻き方も同じ）、表面の余分な乳化性クリームを拭き取っていく。美しいツヤが出ていれば、シューケアの工程はこれで完了。本文で示したとおり、月に一度（7～8回履いたあと）は、最低でもシューケアの工程までは行ってもらいたい。

シューケア完了！

次ページからは、シューシャイン（ワックスによる磨き）に入ります。

7. ワックスを塗ってコーティングする。

ここからが靴を美しく光らせる「シューシャイン」の工程。まずは、油性ワックス（表面保護と防水性を上げるため乾燥させたものを使う）を指で円を描くように塗る。塗る部分は「光らせたい箇所」ということになるが、つま先（履きじわとの境の部分まで）、かかと、コバ（ソールの縁）のすぐ上の靴の全周部分。「革が曲がらない（しわが入らない）部分」と考えるとわかりやすい。

POINT

ワックスは乾燥させて使う

購入後、1週間ほど蓋を開けたままで水分を飛ばす（右が乾燥後）。

8. 水をつけて磨く。光らせる。

まずはネル生地（3.と同じ大きさ。同じように指に巻く）を濡らす（水を5滴ほど染み込ますとほどよい濡れ加減）。次に油性ワックスを塗った上に水を垂らす（1カ所、1回につき2滴が適量）。ワックスを取り除かないように、優しく軽いタッチで磨いていく。ワックスが靴を覆う膜のようになってくるはず。

POINT

ネル生地の磨き布を使う

磨く際、ネル生地の布は濡れている状態に保っておくこと。

9. 磨きを繰り返し、さらにツヤを出す。

7. 8.の磨きは、繰り返すほど表面にツヤが出る。好みのツヤになるまで、①〜③を行う。①ワックスを塗り、一度水で磨いた状態。②再度ワックスを塗り、水を2滴垂らす。布をきれいな面にして塗らして磨く。③前と比べてツヤが増しているのがわかる。

POINT

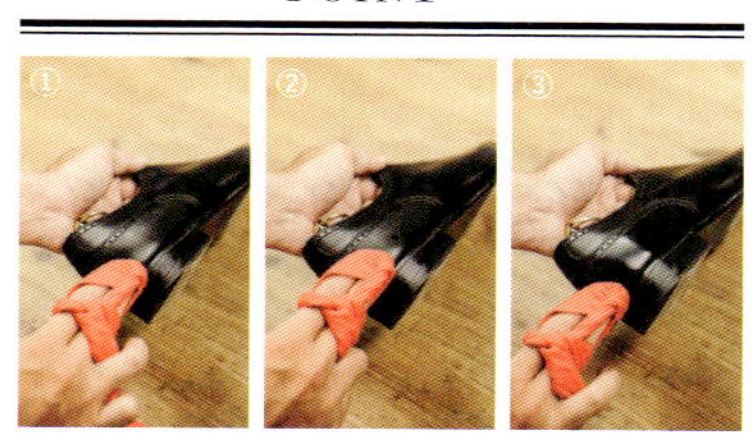

「ワックス→水→磨き」を繰り返す

革の種類や状態にもよるが、1カ所につきこの工程を、10 〜 30回を目安に行う。

10. 仕上げは水だけで磨く。

好みのツヤになったら、最後の仕上げとして水だけで磨く。布に水を含ませて、シャッシャッと研ぐように縦方向に磨きあげていく。ワックスの膜がきれいに均一になったら完成。

POINT

時間の目安として
工程 1 〜 6の
「シューケア」を10 〜 20分、
工程 7 〜 10の
「シューシャイン」を20 〜 30分
かけて行いたい。

ピカピカにきれいになった靴は次ページに…… ➡

靴磨き、完了。